U0173419

建筑活动遮阳随机调节与室内光热环境

姚 健 著

中国建筑工业出版社

第1章　建筑活动遮阳重要性及研究现状

1.1　研究背景

1.1.1　建筑节能重要性

能源是发展国民经济、改善人民生活的重要物质基础。随着我国经济发展，人民生活水平的提高，全国建筑能耗呈稳步上升的趋势[1]，加大了我国能源压力，制约着国民经济的持续发展，因此大力推动建筑节能发展，降低建筑能耗已刻不容缓。我国正处于城镇化快速发展时期，城乡建设量巨大，同时我国作为发展中国家，建筑能耗水平与发达国家相比还很低，单位建筑面积能耗仅为美国的 1/3 左右，建筑服务条件与舒适水平比较低。随着人民群众对室内热舒适度要求的提高，建筑能耗刚性增长压力巨大。通过建筑节能，引导城乡建设走节能、高效、低碳的发展道路，使我国能以较低的能源消耗实现人民群众比较高的生活需求，可有效减缓建筑能耗总量增长速度，确保我国能源消费革命和能源安全战略顺利实施。

推进建筑节能发展还是推进大气污染防治，应对气候变化的重要内容。我国大气污染防治计划提出要减少污染物排放，逐步消除重污染天气；应对气候变化战略，对减少温室气体排放也提出了明确目标。建筑领域燃煤采暖、施工扬尘等是污染物及温室气体排放的重要来源。通过大力推进建筑节能，转变建筑建造方式和使用过程中的粗放用能模式，可以显著改善建筑施工现场环境，有效降低施工扬尘，并降低燃煤采暖消耗，减少含硫含硝污染物以及二氧化碳的排放量，促进环境保护和空气品质提高，减轻温室气体的排放压力，改善人们生活条件，提高全社会满意度和幸福感。

因此，解决好建筑节能是关系国计民生的关键问题。广大人民群众对改善生态环境的要求日益强烈，用最少的能耗和对环境最低限度的污染，达到高舒适度的居住环境是人们追求的目标。开展建筑节能工作，可使人民群众在居住和生活条件的改善上，再上一个新的台阶，真正达到全面小康的目标要求。为此，必须加快推进建筑节能实施步伐，大力推广地区适应性建筑围护结构节能技术体系，特别是建筑活动遮阳等被动式节能技术，切实降低建筑能耗，促进环境保护，减少温室气体排放，实现节能减排目标。

1.1.2　建筑遮阳的必要性

作为建筑围护结构的重要组成部分，建筑窗户具有调节室内采光、通风、观景等的重要功能，但窗户也是建筑围护结构中能耗的薄弱部位，特别是处于夏热冬冷的东南沿海地区。该地区气候特征夏季闷热，冬季湿冷。由于纬度低，夏天太阳辐射强烈，使得许多城市全年日最高温度不低于 35℃ 的酷热天数有 15～30 天，七月平均气温为 25～30℃，而且以 28～30℃ 居多，比同纬度地区高出 2℃ 左右，是同纬度范围内除沙漠干旱地区以外最炎热的地区，夏季西向窗户接受的太阳辐射更是接近 $1000W/m^2$，这使得办公建筑窗户辐射得热是墙体的 20 多倍[2]，由此引起室内热舒适度显著降低并带来了眩光等一系列问题，因此，阻隔过多的太阳辐射是改善夏季室内光热环境，降低建筑用能的主要措施。

从目前国家的各类建筑节能标准中也可以看出，建筑遮阳对实现建筑节能的重要性。例如：《民用建筑热工设计规范》GB 50176—2016 中提到建筑物的向阳面，特别是东、西向外窗（透光幕墙），应采取有效的遮阳措施。《公共建筑节能设计标准》GB 50189—2015 中提到夏热冬暖、夏热冬冷、温和地区的建筑个朝向外窗（包括透光幕墙）均应采取遮阳措施；严寒地区的建筑宜采取遮阳措施。《夏热冬冷地区居住建筑节能设计标准》JGJ 134—2010 中提到东偏北 30°至东偏南 60°、西偏北 30°至西偏南 60°范围内的外窗应设置挡板式遮阳或可以遮住窗户正面的活动遮阳，南向的外窗宜设置水平遮阳或可以遮住窗户正面的活动遮阳。由此可见，不管从夏热冬冷的气温、太阳辐射等气候条件还是从国家的一系列标准规范，都表明加快推进建筑遮阳应用十分必要且意义重大。

1.2　国内外研究现状

1.2.1　遮阳对能耗的影响

由于建筑节能的重要性，各类建筑遮阳措施对能耗的影响也成为研究学者关注的重点。国内在遮阳方面的研究起步较晚，直到最近 5 年建筑节能大力实施阶段，相关研究才不断增多，并且这些研究大都集中在了玻璃自遮阳、固定外遮阳方面。

（1）遮阳系数

目前，我国的部分建筑节能设计标准[3,4] 中为简化遮阳的计算方法，将各类遮阳措施简化或等效为不同的遮阳系数，以进行全年建筑能耗的分析。根据遮阳构造尺寸，这些标准中将水平遮阳、垂直遮阳、格栅遮阳和固定铝合金机翼遮阳系统等的外遮阳系数按下列公式计算确定：

$$Sc = ax^2 + bx + 1 \qquad\qquad (1\text{-}1)$$

式中：Sc ——外遮阳系数；

　　x ——外遮阳的特征值，$x=A/B$，$x>1$ 时，取 $x=1$；

　a，b——拟合系数，按表 1-1 和表 1-2 选取；

　A，B——外遮阳的构造定性尺寸，按图 1-1 和图 1-2 确定。

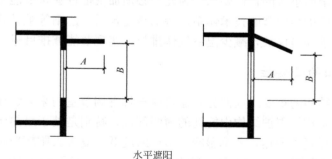

水平遮阳

图 1-1　遮阳板外挑系数计算示意图[4]（一）

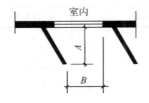

垂直遮阳

图 1-1　遮阳板外挑系数计算示意图[4]　（二）

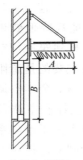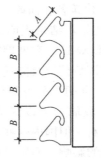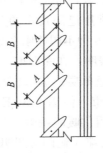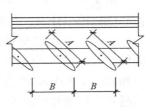

(a) 格栅水平遮阳　　　(b) 格栅挡板遮阳　　　(c) 铝合金机翼(水平)　　　(d) 铝合金机翼(垂直)

图 1-2　遮阳系数计算特征尺寸[3]

固定外遮阳拟合系数[3]　　　　　　　　　　　　　　　表 1-1

外遮阳类型	系数	东	南	西	北
水平遮阳板	a	0.35	0.47	0.36	0.30
	b	−0.75	−0.79	−0.76	−0.58
垂直遮阳板	a	0.32	0.42	0.33	0.44
	b	−0.65	−0.80	−0.66	−0.84
固定铝合金机翼遮阳(百叶水平) 和固定格栅遮阳(挡板式)	a	0.54	0.56	0.56	0.56
	b	−1.28	−1.32	−1.32	−1.22
固定铝合金机翼遮阳(百叶垂直)	a	0.09	0.33	0.06	0.58
	b	−0.35	−0.79	−0.31	−1.10
格栅遮阳(水平式)	a	0.35	0.47	0.36	0.30
	b	−0.75	−0.79	−0.76	−0.58

活动外遮阳拟合系数[3]　　　　　　　　　　　　　　　表 1-2

外遮阳类型	拟合系数		东	南	西	北
活动百叶帘遮阳和活动铝合金机翼遮阳(百叶水平)	冬	a	0.23	0.03	0.23	0.20
		b	−0.66	−0.47	−0.69	−0.62
	夏	a	0.54	0.56	0.56	0.56
		b	−1.28	−1.32	−1.32	−1.22

续表

外遮阳类型	拟合系数		东	南	西	北
活动铝合金机翼遮阳(百叶垂直)	冬	a	0.17	0.11	0.29	0.19
		b	−0.61	−0.60	−0.73	−0.61
	夏	a	0.16	0.45	0.13	0.73
		b	−0.76	−1.00	−0.73	−1.30

此外，一些研究者也采用此种方法模拟分析遮阳系数变化对能耗的影响。如阳江英[5]、姚健[6]、刘旭良[7] 等分别选取具有典型夏热冬冷气候特征的重庆、宁波和成都等城市，采用 DOE-2 和 DeST-h 软件分别模拟分析了建筑各朝向遮阳系数变化对建筑采暖和空调能耗的影响，以及几种常用遮阳技术的节能效果，结果表明遮阳对能耗降低效果显著。卜增文等[8] 分别对应用 6 种不同遮阳系数的 Low-E 中空玻璃窗的 2 栋建筑进行空调负荷和能耗模拟计算。结果表明：在深圳市，对空调负荷以及能耗影响最主要的是遮阳系数，Low-E 中空玻璃窗与普通单层白玻璃窗相比，空调负荷可降低约 20%，全年空调能耗降低 24%左右；而在北京市，使用 Low-E 中空玻璃窗可以降低空调能耗和空调负荷 32%和 20%，但同时也会使得供暖能耗增加 2%左右。但国内这些研究仅考虑了遮阳系数对采暖和空调能耗的影响，忽略了遮阳对照明能耗的影响。而国外研究者则考虑得相对更细致全面，如 Joseph 等[9] 采用 DOE-2 研究了不同遮阳系数玻璃对办公建筑的能耗影响，除降低采暖空调能耗外，合理的遮阳系数能有效降低照明能耗。尽管此种方法简便易操作，但由于实际各类遮阳措施的遮阳系数随不同地区和全年不同时间始终都在变化，因此上述简化为某一遮阳系数进行全年分析的方法并不能准确计算能耗的变化，为此，目前研究普遍都采用直接在模拟软件中进行遮阳构造建模或通过实测的方法进行分析。

（2）遮阳构件

遮阳构件按是否可调节分为固定和活动两类。其中常见的固定和活动类遮阳见表 1-1 和表 1-2。目前，我国关于固定类遮阳的研究较多。如唐鸣放等[10] 采用 DOE-2 软件对重庆地区窗户外遮阳能效进行了分析，计算了外窗水平遮阳板和垂直遮阳板分别在东、南、西、北四个朝向的遮阳效果以及对冬季的遮阳影响，得到了各朝向遮阳板外挑系数和遮阳系数的关系。李娟等[11] 分析了重庆地区 Low-E 玻璃和水平遮阳板对建筑能耗的影响。周兵等[12] 通过对冬暖夏凉地区综合考虑遮阳、采暖所选择遮阳板的最佳形式、最佳尺寸的分析，论述了遮阳板对建筑节能的效果，以及不同形式遮阳板的优缺点。郑清容等[13] 建立了水平外遮阳阴影面积计算模型，以广州地区某办公建筑为例，分析了设置与不设置水平外遮阳的建筑外窗在 5—9 月空调时段的冷负荷。结果表明设置水平外遮阳的建筑外窗冷负荷比不设置时降低 5.9%～12.7%。吴基等[14] 采用 DeST 和 Daysim 软件相结合的方法，对广州地区某办公楼的全年空调和照明能耗进行了模拟，并将建筑物全年的空调和照明能耗总和作为控制指标，对建筑垂直固定外百叶遮阳（百叶挑出长度、百叶数和百叶倾角）进行了优化设计分析。该研究通过考虑照明能耗指标，从而使得研究结果更科学。此外，其他一些研究者[15-23] 也采用上述类似的方法分别研究了不同遮阳构件对建筑能耗的影响。

由于活动遮阳调节灵活，而国内的 DeST 及以 DOE-2 内核为基础的建筑设计软件在此类遮阳的建筑能耗建模方面难度较大,导致国内对活动外遮阳能耗的影响研究相对偏少。少数研究者如田慧峰等[24] 根据夏热冬冷地区的气候和建筑特点,选取典型的居住建筑和公共建筑,采用增量成本方法,对不同活动外遮阳方案作了详细的经济性分析,同时给出了各种遮阳产品的使用寿命,最后为不同建筑推荐了最优的外遮阳方案。他们还针对夏热冬冷地区的气候和建筑特点,采用 ShadePlus 对不同城市的典型居住建筑和公共建筑进行外遮阳节能分析,表明活动外遮阳的贡献率为 20% 左右[25]。郭圣志等[26] 对百叶中空玻璃活动遮阳的采暖和空调能耗进行了分析,认为其节能效果显著,并且增量成本低,仅相当于其他围护节能代替产品。国外在建筑构件遮阳对能耗影响方面的研究较多,也较为深入。既包括了水平、垂直遮阳板、格栅板等常规的固定遮阳,如 Raeissi 等[27] 通过综合考虑采暖和空调能耗,计算了水平遮阳板的最佳挑出长度。Ebrahimpour 等[28] 采用 Energyplus 软件研究了水平、垂直遮阳板对伊朗典型居住建筑能耗影响,结果表明恰当的水平或垂直遮阳的节能效果相当于高性能的窗户。Barozzi 等[29] 报道了格栅遮阳对任意朝向垂直面窗户的遮阳效果,分析了日平均和月平均辐射得热。也有国外学者[30] 在考虑非透明围护结构辐射得热的基础上,建立了一个分析周围建筑遮阳效果的模拟模型,计算了不同方位周围建筑的遮阳效果,结果表明东西向周围建筑产生的遮阳效果最显著。

同时,相关研究也包括了百叶、卷帘以及内遮阳等各类活动遮阳。如 Palmero 等[31] 利用 TRNSYS 分析百叶遮阳在欧洲的节能效果,研究了不同季节透过遮阳系统的太阳能辐射量和对室内温度的影响。Littlefair 等[32] 采用 DOE-2 研究了英国一栋公共建筑采取不同遮阳方式(内遮阳,固定遮阳、外遮阳)下的节能性、经济性和碳减排量。Poirazis 等[33] 对瑞典一个办公建筑采取外百叶、内百叶、窗户中间百叶等不同遮阳措施后的节能效果进行了分析,认为适合的遮阳要考虑采光能耗(窗墙比)和气候特性等。另外,还有大量文献[34-37] 研究了不同类型遮阳构件对能耗的影响,并且这些研究大多表明遮阳对照明能耗影响较大,不容忽视。

此外,还有针对周围设施(如周围建筑、树木等)对建筑能耗影响的研究。如 Li 等[38] 分析了香港地区一典型公共建筑在周围建筑遮挡下的自然采光和节能效果,研究表明周围建筑遮挡越严重(遮挡角度越大),其节能和采光效果就越差。Akbari 等[39] 实测和模拟分析(采用 DOE-2)了夏季树木对别墅建筑能耗、峰值负荷的影响,结论显示制冷能耗减少 30%,峰值负荷降低 27%~42%。除此以外,不少文献[40-42] 也在此方面进行了相关研究。

1.2.2　遮阳对室内热环境的影响

遮阳措施在调节室内热环境方面具有重要作用。国内在这方面也开展了一些研究,如张海遐[43] 针对江苏地区常见的活动式铝合金外遮阳百叶帘和卷帘,采用 CFD 方法对其在夏季和过渡季节典型天气条件下,南京地区建筑室内热环境的影响进行了分析,其研究结果表明两种建筑活动外遮阳对改善夏季空调房间室内热环境的作用比较明显,过渡季节自然通风房间室内热环境的影响则正相反。吕智艳等[44] 对广州国际会展中心的外挑遮阳和钢结构遮阳构件进行了分析,通过对其室外温度和舒适度的测试,表明其遮阳隔热效果较为显著。窦枚等[45] 利用 DOE-2 软件分析了夏热冬冷地区多层建筑外窗遮阳对室内温度的影响,其研究表明外遮阳对室内降温效果最为显著(假设 28℃ 为室内舒适温度),并且可使室内夏季热舒适小时数增加约 50%。曹毅然等[46] 通过对室内太阳辐射得热量的测量，分析了百叶遮阳系统的太阳辐射隔热效果。测试显示上海地区 11 月上旬某典型日，特定的叶片角度下，采用遮阳系统后室内太阳辐射得热量可减少 30% 以上。

同样，国外对遮阳的室内热环境影响也开展了大量研究。如 Kabre 等[47] 开发了一个基于 AUTOCAD 的遮阳优化设计工具——WINSHADE，通过该工具的优化设计，降低夏季室内辐射得热和保证冬季采暖辐射，以改善室内热舒适环境。Tzempelikos 等[48] 采用 Gagge 两节点热舒适模型，分析了卷帘遮阳结合不同遮阳系数玻璃窗对室内热舒适的影响，结果显示遮阳能有效降低室内辐射温度不对称性，改善室内热舒适度。Bilgen 等[49] 对两个相同房间（一个采用自动百叶遮阳，另外一个不采用）的室内温度进行了比较，显示百叶遮阳对室内温度改善效果优于无遮阳措施。Kuhn 等[50] 采用光线追踪和实测相结合的方法，对百叶遮阳的隔热效果进行了分析，分析表明百叶倾角对隔热效果的影响较大，当百叶倾角闭合时，隔热效果最佳。同样，在阻隔太阳直射辐射方面，Kim 等[51] 也进行了测试研究，通过对室内温度和 PMV 指标的监测，发现百叶遮阳对室内热舒适有一定的改善作用。

1.2.3 遮阳对室内光环境的影响

由于遮阳措施能直接遮挡太阳辐射，因此对室内光环境的影响相当大。国内对此也进行了一些研究。如周荃等[52] 结合广州地区太阳运行轨迹和光环境分析了水平遮阳板对室内采光的影响，并计算了典型房间不同挑出长度和反射性能的室内采光情况，进而提出了具有导光功能的水平外遮阳的构造形式，并量化计算自然采光值。作者的研究表明通过构造尺寸设计及材料的优选，水平遮阳可兼顾采光与遮阳的双重需求。张宬等[53] 通过理论分析和模拟计算，对嘉兴市某公共建筑采用不同类型和尺寸外遮阳的室内光环境进行了分析。其结果表明，南向可以考虑设置永久性的固定遮阳板；而东西向外窗可采用活动式的遮阳板。在保证室内同等照度条件下，应优先采用大角度开启的百叶外遮阳。此外，其他一些文献也开展了遮阳对自然采光照度、采光系数方面[54-56] 的研究。

最近，国内一些研究者将眩光指标引入遮阳分析中，如张海遐等[57] 针对活动百叶和活动卷帘两种建筑外遮阳设施，分析了其在有效遮阳时，对夏至日三个时间点建筑自然采光和室内眩光指数 DGI（Daylight Glare Index）的影响进行了计算，指出活动外遮阳百叶自然采光效果更为理想。余理论[58] 应用 Radiance 计算机模拟与实测相结合的方法，较为深入地分析了水平、垂直、综合、挡板和百叶五种外遮阳形式对室内采光效率和室内光环境的影响。当窗口有太阳直射辐射时，遮阳能改善照度均匀度、防止室内照度过高，但在无直射辐射时，遮阳对室内照度有一定程度的减弱，特别是挡板遮阳和百叶遮阳。作者进一步采用 Energyplus 对秋分日 9：00 和 16：00 的室内自然采光眩光指数 DGI 进行了分析，结果显示水平遮阳、垂直遮阳和综合遮阳对 DGI 值的降低非常有限，而挡板和百叶遮阳能较有效地降低眩光值。但由于分析考虑的时间为全年中某一天中的两个时刻，因此从全年的角度来说，眩光控制效果如何还很难确定。

国外学者很早就开始了遮阳对室内光环境的影响研究。早期的研究侧重于采光照度方面，如 Lee 等[59] 对美国一幢实际办公建筑房间采用自动百叶遮阳的综合性能进行了分析，表明通过自动控制系统，可实现在降低采暖和空调能耗的前提下保证室内较好的采光照度环境。又如 Gates 等[60] 分析了教室天窗水平遮阳对室内采光系数的影响。Martine 等[61] 也通过测试，分析了办公室内人眼睛处的照度、亮度与视觉舒适度的关系。之后研究者进一步从自然采光眩光指标分析遮阳对室内光环境的影响。如有研究者[62] 通过两个相同房间的对比分析，研究自动调节百叶遮阳的眩光控制效果，计算了眩光 DGI 值，指出使用自动调节百叶遮阳和功率自动调节灯光能很好地控制室内照明环境。Piccolo 等[63] 实测研究了电致变色窗对降低室内眩光的作用。最近，Jan 等[64] 通过研究发现，评价自然采光眩光的指标 DGI 在对大面积窗户的眩光计算与室内用户的实际眩光评价有一定的偏差，为此，他们进一步提出了 Daylight Glare Probability（自然眩光概率 DGP）评价指标，该指标考虑了人眼处的照度，能更好地反映了室内人员对不同光环境的自适应性。此后，该指标也被不同学者用于遮阳及自然采光的室内眩光评价研究[65,66]。

1.2.4　活动遮阳控制模式

由于近年来片面地追求建筑的通透感和观景的需求而将大量的玻璃应用到建筑立面上，忽略了遮阳设施在建筑上的应用，导致室内温室效应加剧，热环境质量恶化，大幅增加了建筑能耗。尽管也有一些节能示范类建筑安装了活动外遮阳，但绝大多数建筑都未在设计阶段将建筑遮阳考虑进去。而作为室内办公人员，为改善室内热环境，一般都安装了活动内遮阳卷帘，通过一定的控制措施（拉杆、遥控、电脑自动控制等方式）来调节遮阳的收起或下降。因此，活动遮阳的控制方式对建筑能耗及室内光热环境有着直接的影响。

国内在活动遮阳控制方面的研究还处于起步阶段，基本上都把活动遮阳简化成开启或关闭两种状态。如田慧峰等[24,25] 在分析活动遮阳的节能效果时，假设夏季遮阳处于关闭状态，而冬季则处于完全开启状态。

而国外则研究的更深入，如 Nielsen 等[67] 假设活动百叶遮阳会根据太阳辐射自动调节百叶角度，使直射辐射无法进入室内，以减少眩光危害。也有文献[68] 分析了保持室内照度 500lx 条件下的电致变色窗的节能效果。Van 等[69] 分析了室内不同控制温度下，遮阳构件的节能效果。此外，还有研究者提到根据使用区域[70] 进行调节（图 1-3），该模式假设室内的工作区域，自动调节遮阳的高低，实现能耗、光热舒适度最大化。也有研究者将百叶分开控制进行调节[71]，百叶被分成上、中、下三部分，然后根据室内工作面照度是否超过 2000lx，逐个区域（上、中、下三部分）调节百叶角度，进而控制室内光环境。这些自动调节模型的分析结果均显示遮阳具有非常显著的建筑节能效果。但事实上，由于办公建筑窗户众多，逐个采用此种控制措施的成本非常高，因此，采用此类智能遮阳控制的建筑毕竟是极少数，而采用手动控制遮阳的建筑更加普遍，所以，室内人员对遮阳的行为调节方式开始被关注。

最近 20 年，国外研究者逐步开展室内人员行为模式对建筑能耗的影响研究，他们研究发现室内人员的行为模式对建筑的能耗影响很大[72]，因此，只有将人体行为模式考虑到遮阳调节中，才能更真实准确地预测实际建筑能耗和室内光热环境，更好地采取针对性的节能措施。目前，已有一些学者开展了人行为对遮阳调节影响的测试研究，如 Rubin[73]、Lindsay[74]、Rea[75] 及 Newsham[76] 等测试了窗户遮阳的人工调节控制情况，结果表明不同人之间遮阳的使用情况差别较大，有些人喜欢将遮阳开启，有些喜欢关闭或者部分开启，而无法用统一的线性模型进行分析，这主要是由于不同人对光、热的感受不

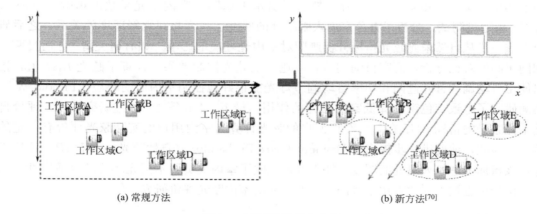

图 1-3 不同遮阳卷帘位置

同，且在不同工作时间对视觉、生理、心理、隐私等的要求也各不相同。据此，Nicol[77]认为人体的行为存在着随机性，并在 2001 年首次把遮阳调节行为看作是一种随机过程，并利用二分类 Logit 回归方法构建了人体的行为模型，分析了开窗、照明、遮阳等随室外温度的变化关系，并建立了开启和关闭行为与室内温度之间的函数关系，分析其对建筑能耗的影响，其结果显示遮阳的调节与室内温度相关性不大，并建议将遮阳调节行为与太阳辐射等环境因素相对应。

随后，遮阳调节随机行为模型方面的研究开始增多，如 Reinhart、Wout 等[78-80] 测试并建立了完全开启和完全关闭两种状态遮阳行为随机控制模型，根据室内是否有人员办公、辐射条件等因素，控制百叶开启闭合及百叶角度，并将该模型集成在采光分析软件 Lightswitch 中，Bourgeois 等[81] 还利用该方法进行了能耗计算。Haldi 等[82,83] 在对德国一幢三层建筑朝南窗户遮阳调节观测的基础上，将二分类 Logit 方法中的 0、1（对应完全开启和完全关闭）两种状态分为大于某个比例（如 0.1）和小于等于这个比例，建立了随机过程，但其研究的朝向只针对南向窗户，忽略了辐射影响很大的西向和东向，并且研究的建筑为科研办公楼，而事实上不同朝向及不同性质办公楼的遮阳行为差别是很大的。此外，他们还将遮阳状态随机调节过程近似认为满足韦伯概率分布。但这种近似方法对不同遮阳调节行为统计结果不具有通用性。因此，这一研究选择的朝向、建筑性质及遮阳状态随机调节模型具有较大的局限性。在遮阳调节随机行为模型与建筑能耗分析软件的耦合计算研究方面，仅有 Haldi 等[83] 提到了将遮阳调节随机行为模型应用于建筑能耗模拟分析软件的框架思路，但未编制相应的软件或程序，也就无法分析遮阳调节行为模式对能耗、采光及光热舒适的影响。

1.2.5 存在的不足

综上所述，现有这些手动调节遮阳的研究有些是分析遮阳开启或关闭状态，有些是分析开启或关闭的原因（如辐射或照度超过一定限值），及对照明能耗的影响，也有一些考虑了遮阳调节行为因素对能耗的影响，但对遮阳状态的考虑大多只限于开启和关闭两种，且认为当环境因素超过一定限值（比如辐射大于 $50W/m^2$），就会主动调节；虽有个别研究考虑了人体行为的随机特性，但考虑的遮阳调节状态较少，且仅有个别朝向。因此，与实际遮阳调节状态差别较大，同时也未实现遮阳调节随机模型与能耗模拟分析软件的耦合，并进行实时耦合计算。此外，对于活动遮阳调节行为引起的室内光热舒适度影响方面的研究也比较匮乏。

1.3　本书研究内容

由于手动控制的遮阳设施依赖于人的调节，并受个体知识、经验、生活习惯、光热感受等的差异，人的行为模式不尽相同，也就不可能按照某个理想模式或固定规律去调节遮阳，否则将使实际的建筑节能、采光和热环境与预测结果存在较大的差距，甚至可能过高地估计活动遮阳设施的实际节能效果。尽管基于人体行为模式的遮阳调节研究在国外已开始起步，但这些研究考虑的调节方式绝大部分为完全开启和完全关闭两种，而事实上，大部分办公建筑活动遮阳（内外窗帘等）所处的状态基本上是部分开启，这与实际情况并不符合，此外，国内在此方面的研究仍是一片空白，并且由于地域、气候及文化等方面的差异，我国办公人员的遮阳调节行为模式也与外国人有差别。

因此，本书将以东南沿海地区典型城市宁波为例，在充分调研和测试的基础上，建立以随机过程为基础的、更加符合实际的五种遮阳状态调节行为模型，并将其与建筑能耗模拟分析软件进行耦合，实现遮阳随机调节方式下的实时建筑性能模拟。最后，开展活动遮阳建筑室内光热环境影响的研究，探寻活动遮阳调节与室内光热环境之间的关系，为今后推广活动建筑外遮阳奠定基础（本书研究内容的技术路线如图 1-4 所示）。具体内容如下：

（1）遮阳调节行为主因确定。首先开展测试，在工作时间段逐时对研究建筑遮阳状态记录拍照，并利用仪器对室外各朝向太阳辐射、室外温度等指标进行监测，将遮阳设施遮挡窗户比例（100％、75％、50％、25％、0）与以上各监测数据进行累积比数 Logit 回归分析，通过比较回归结果中各自变量与遮阳状态之间相关性，确定遮阳调节的驱动主因。

（2）遮阳调节行为模型的建立。根据上述确定的遮阳调节行为驱动主因，将遮阳遮挡窗户比例的调节状态具体分为 100％、75％、50％、25％、0 五种，以马尔科夫链方法建立遮阳状态改变的随机行为模型，也就是在当前环境状态下，从前一遮阳状态转变为其余四种状态或保持自身状态的概率。再根据遮阳调节驱动主因等，将转移概率矩阵进行分类，以更好地反映不同季节、朝向等情况下的遮阳调节行为。

（3）遮阳行为模型与建筑能耗软件耦合。利用美国劳伦斯伯克利实验室研制的建筑性能整合分析平台 Building Controls Virtual Test Bed（BCVTB），实现遮阳调节随机行为模型与 Energyplus 的耦合分析，计算得出反映室内人员真实遮阳调节状态下的能耗、采光及热环境效果。

（4）光热环境分析。引入太阳辐射对人体热舒适影响的修正指标，通过 Energyplus 计算分析遮阳调节行为对室内热环境的影响；利用 Radiance 及 Evalglare 等工具分析眩光源和眩光强度，并进一步量化分析活动遮阳调节行为对室内光环境的影响。

（5）遮阳调节特性分析。通过对活动遮阳调节频率、调节时间、遮阳系数变化、遮阳调节有效性和不确定性等指标的分析，研究遮阳调节的动态特性，为深刻认识人的行为特性，改善调节行为的有效性奠定基础，促进建筑活动遮阳的合理调节。

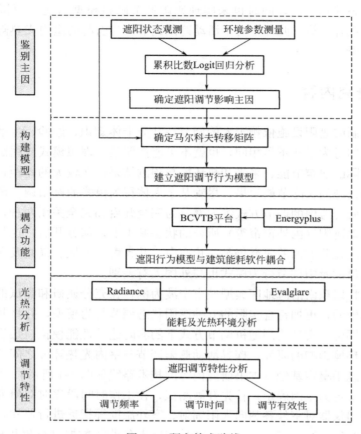

图 1-4 研究技术路线

第 2 章　活动遮阳调节行为影响主因分析

2.1　实验测试

2.1.1　典型建筑

选取夏热冬冷地区宁波的一幢典型办公建筑作为遮阳调节模型研究的对象，通过观测分析其遮阳调节行为与外界环境因素之间的关系，确定遮阳调节的影响主因。该建筑为一栋高层办公建筑，四个朝向皆为玻璃幕墙，同时建筑窗户采用了可以上下拉动的布卷帘内遮阳。其建筑如图 2-1 所示，该建筑四周均无高大建筑物遮挡，能很好地反映遮阳调节与太阳辐射等外界因素之间的关系。

图 2-1　遮阳状态测试建筑

2.1.2　测试内容和方法

根据国外相关研究的经验，遮阳调节状态与各朝向太阳总辐射、室外温度之间的相关性可能较大[77,78]，并且其他环境因素如照度、亮度、眩光等与太阳总辐射之间以及室内温度、热舒适度、能耗等与室外温度之间存在直接或间接相关性，选择这两个指标也能较好地反映其他指标对遮阳调节的影响，因此，这里将对这两个环境因素指标及对应时间点的遮阳状态进行监测。考虑到目前建筑节能计算是按照逐时进行能耗分析的，为此，太阳辐射和室外温度的监测也按照逐时取值。由于宁波地处北回归线以北，北向窗户受太阳直射辐射影响很小，因此，只对受太阳辐射影响较大的东、南、西向窗户进行研究。为分析遮阳调节模式与环境因素之间的关系，我们建立了实验装置，对各朝向逐时太阳总辐射强度进行了监测。太阳辐射监测装置如图 2-2 所示，其中东、南、西三个朝向各布置一个 TB-2 型太阳总辐射表，并连接到 PC-2 型太阳辐射记录仪；室外温度由 TES1361 温湿度记录仪采集（见图 2-3），遮阳状态则采取用照相机拍照的方式进行逐时记录。

图 2-2　太阳辐射监测装置

为更详细地分析遮阳的变化情况，将窗户的遮阳状态细分为遮挡窗户比例 0（状态 0）、遮挡 25%（状态 1）、遮挡 50%（状态 2）、遮挡 75%（状态 3）和遮挡 100%（状态 4）五种。由于部分房间为会议室等办公时间极少的房间，因此，挑选了各朝向均有人员办公的 10 个窗户进行监测，从上班时间 8:00 开始至下班时间 17:00 之间进行逐时拍照。为使测试数据更具有代表性，测试分别选择了夏季 7 月 1 日至 30 日，冬季 12 月 1 日至 30 日，过渡季节 10 月 15 日至 11 月 15 日进行监测。

2.1.3　测试结果

根据上述测试方法，将监测结果进行统计。遮阳状态在分类时按照就近原则，根据照片来确定。比如遮阳状态在遮挡 50% 左右，就按遮挡 50% 状态统计。根据环境因素，分别将遮阳状态与室外温度、遮阳状态与垂直面太阳总辐射强度进行统计。

（1）室外温度与遮阳状态

根据室外温度测试和遮阳状态拍照记录，图 2-4、图 2-5、图 2-6 分别给出了东、南和西向窗户遮阳状态与室外温度之间的对应关系，每一个圆圈代表当前温度下观测到的遮阳状态，仅从图中看，较难确定遮阳状态与室外温度之间是否存在相关性，因此有待下面进

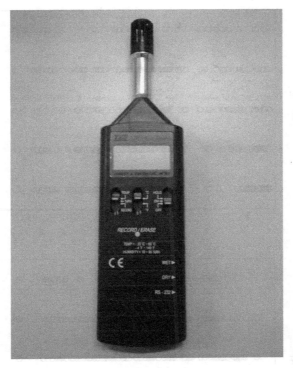

图 2-3　温湿度仪

一步的分析。

（2）太阳辐射与遮阳状态

同理，图 2-7、图 2-8、图 2-9 分别给出了东、南和西向窗户遮阳状态与太阳辐射之间的对应关系，从图中看，随着太阳辐射增强，遮阳状态的分布朝着遮挡窗户比例增大的方向变化，这是由于辐射增强后室内人员通过将遮阳拉下以遮挡室外辐射热量或过强的光线。而进一步的深入分析将在下一节中详细讨论。

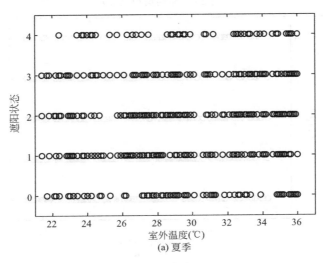

(a) 夏季

图 2-4　东向窗户（一）

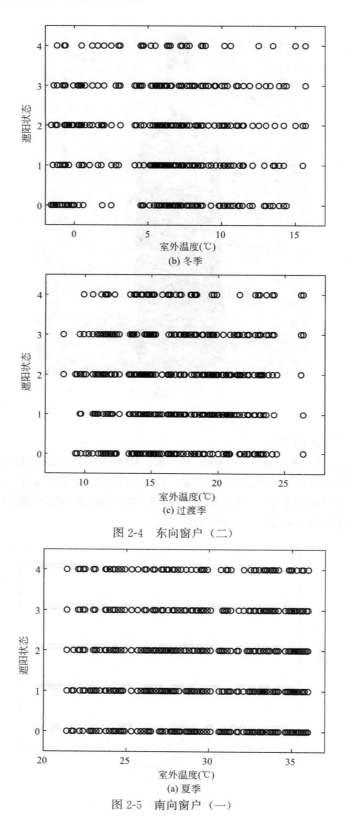

(b) 冬季

(c) 过渡季

图 2-4 东向窗户（二）

(a) 夏季

图 2-5 南向窗户（一）

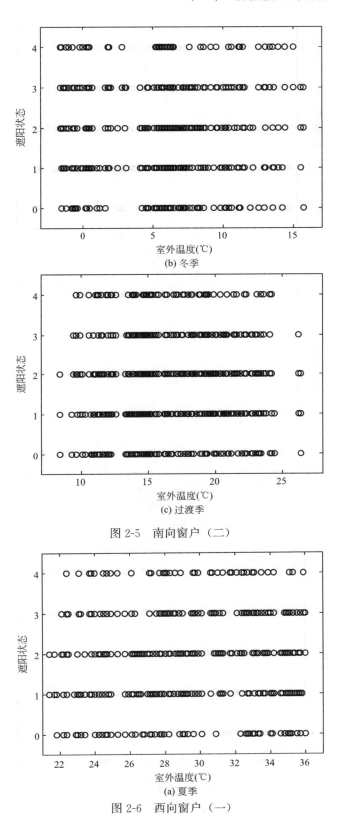

(b) 冬季

(c) 过渡季

图 2-5　南向窗户（二）

(a) 夏季

图 2-6　西向窗户（一）

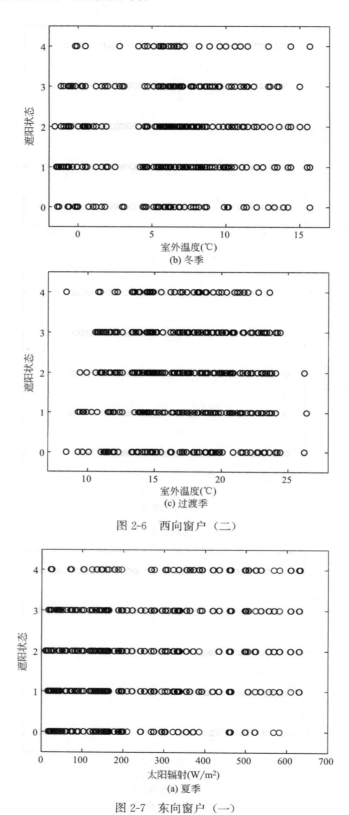

(b) 冬季

(c) 过渡季

图 2-6 西向窗户（二）

(a) 夏季

图 2-7 东向窗户（一）

严重程度进行分类，观察结果可能是"无、轻、中、重"。对于这类有序反应变量（ordinal response variable）则不能够使用上述二分类模型，而要用多分类的有序反应变量 Logistic 模型（ordinal logistic model）。

常用的有序多分类 Logistic 回归模型有：累积比数 Logit 模型（cumulative odds logit model）、相继比 Logit 模型（continuation-ratio logit model）、相邻类别 Logit 模型（adjacent-caregories logit model），以及立体模型（stereotype model）。其中以累积比数 Logit 模型应用最为广泛[85]。

2.2.3　累积比数模型

累积比数模型是二分类模型的一种推广。设有一组具有 J 个分类的有序反应资料，反应变量 Y 的 J 个分类分别由 0，1，2，$\cdots$，J 表示，设第 j 等级（$j=0$，1，2，$\cdots$，J）的概率为 P_j，且满足 $\sum\limits_{j=0}^{J} P_j = 1$。与之有关的自变量为 $X^{\mathrm{T}}=(X_1, X_2, \cdots, X_n)$，$X_i$ 可以是定性的，也可以是定量或半定量的。则累积比数 Logit 模型可写为：

$$\mathrm{Logit}(Pr(Y \leqslant j \mid X)) = \ln\left(\frac{Pr(Y \leqslant j \mid X)}{1 - Pr(Y \leqslant j \mid X)}\right) = \beta_j - \beta^{\mathrm{T}} X^{\mathrm{T}} \tag{2-7}$$

对于每个可能的等级，反应变量 $Y \leqslant j$ 的概率就是累积概率，它可以写为：

$$Pr(Y \leqslant j \mid X) = P_1 + P_2 + \cdots + P_j \tag{2-8}$$

也可以写成 Logit 模型的形式：

$$Pr(Y \leqslant j \mid X) = \frac{e^{\beta_j - \beta^{\mathrm{T}} X^{\mathrm{T}}}}{1 + e^{\beta_j - \beta^{\mathrm{T}} X^{\mathrm{T}}}} \tag{2-9}$$

对于应变量取某一状态时的概率可由上述公式求得：

$$Pr(Y = j \mid X) = P_j - P_{j-1} \tag{2-10}$$

累积概率具有 $Pr(Y \leqslant 0) \leqslant Pr(Y \leqslant 1) \leqslant \cdots \leqslant Pr(Y \leqslant J) = 1$ 的特性。当 Y 只有两种状态时，累积比数 Logit 模型就转变为一般的二分类模型。

本研究将遮阳的调节状态扩展为遮挡窗户面积的 0、25%、50%、75%、100% 五种（如图 2-10 所示）。按照上述累积比数 Logit 方法，对遮阳状态和可能的自变量（各朝向总辐射、室外温度）进行回归分析，并进行检验，确定遮阳调节与哪个环境因素相关性最大。

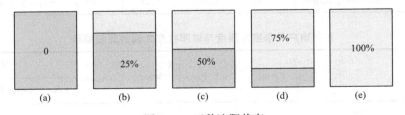

图 2-10　五种遮阳状态

2.3　结果分析

为进行累积比数 Logit 回归分析，此处采用了国际著名的统计分析软件 SPSS。SPSS

是一个组合式软件包，它集数据整理、分析功能于一身。SPSS 的基本功能包括数据管理、统计分析、图表分析、输出管理等等。SPSS 统计分析过程包括描述性统计、均值比较、一般线性模型、相关分析、回归分析、对数线性模型、聚类分析、数据简化、生存分析、时间序列分析、多重响应等几大类，每类中又分好几个统计过程，比如回归分析中又分线性回归分析、曲线估计、Logistic 回归、Probit 回归、加权估计、两阶段最小二乘法、非线性回归等多个统计过程，而且每个过程中又允许用户选择不同的方法及参数。SPSS 也有专门的绘图系统，可以根据数据绘制各种图形。下面就将采用 SPSS 对遮阳状态与环境因素之间是否存在相关性进行累积比数 Logit 回归分析。

2.3.1　室外温度与遮阳状态

（1）东向

表 2-1、表 2-2、表 2-3 给出了不同季节室外温度与东向窗户遮阳状态之间的累积比数 Logit 回归关系，Threshold 项为遮阳的前四种状态，SS 代表遮阳状态（Shading state），Location 项为室外温度，其中 Estimate 项为回归系数，Std. Error 为回归系数的标准差，Wald 项为 χ^2 检验（定义为回归系数与标准差比值的平方），Sig. 为显著性检验 P 值（统计分析中一般以 $P<0.05$ 作为回归结果是否存在显著相关性的判断依据[85]），95% CI 代表回归系数的 95% 置信区间，Lower Bound 为区间下限，Upper Bound 为区间上限。可以看出 Sig. 这一列的部分值大于 0.05，这表明室外温度与东向窗户遮阳状态之间无显著相关性。

东向窗户夏季室外温度与遮阳状态之间的回归结果　　表 2-1

		Estimate	Std. Error	Wald	Sig.	95% CI	
						Lower Bound	Upper Bound
Threshold	SS=0	−1.283	0.279	21.162	0	−1.830	−0.737
	SS=1	0.110	0.277	0.157	0.692	−0.433	0.652
	SS=2	1.320	0.278	22.468	0	0.774	1.866
	SS=3	2.759	0.286	92.838	0	2.198	3.320
Location	Outdoor temperature	0.011	0.009	1.510	0.219	−0.007	0.030

东向窗户冬季室外温度与遮阳状态之间的回归结果　　表 2-2

		Estimate	Std. Error	Wald	Sig.	95% CI	
						Lower Bound	Upper Bound
Threshold	SS=0	−1.420	0.083	296.237	0	−1.582	−1.259
	SS=1	−0.168	0.075	4.965	0.026	−0.316	−0.020
	SS=2	1.036	0.079	170.415	0	0.880	1.191
	SS=3	2.423	0.104	542.390	0	2.219	2.627
Location	Outdoor temperature	−0.019	0.010	3.536	0.060	−0.038	0.001

东向窗户过渡季室外温度与遮阳状态之间的回归结果　　　表 2-3

		Estimate	Std. Error	Wald	Sig.	95% CI	
						Lower Bound	Upper Bound
Threshold	SS=0	−1.565	0.170	84.320	0	−1.899	−1.231
	SS=1	−0.299	0.167	3.229	0.072	−0.626	0.027
	SS=2	0.902	0.168	28.892	0	0.573	1.231
	SS=3	2.285	0.180	160.736	0	1.932	2.638
Location	Outdoor temperature	−0.013	0.010	1.904	0.168	−0.032	0.006

（2）南向

表 2-4、表 2-5、表 2-6 给出了南向窗户不同季节活动遮阳调节状态与室外温度之间的相关性回归结果。与东向情况相似，显著性检验 Sig. 值大于 0.05，说明南向窗户活动遮阳调节状态与室外温度之间不存在显著相关性。

南向窗户夏季室外温度与遮阳状态之间的回归结果　　　表 2-4

		Estimate	Std. Error	Wald	Sig.	95% CI	
						Lower Bound	Upper Bound
Threshold	SS=0	−0.843	0.278	9.220	0.002	−1.387	−0.299
	SS=1	0.431	0.277	2.422	0.120	−0.112	0.974
	SS=2	1.662	0.279	35.395	0	1.114	2.209
	SS=3	2.962	0.287	106.468	0	2.400	3.525
Location	Outdoor temperature	0.018	0.009	3.674	0.055	0	0.036

南向窗户冬季室外温度与遮阳状态之间的回归结果　　　表 2-5

		Estimate	Std. Error	Wald	Sig.	95% CI	
						Lower Bound	Upper Bound
Threshold	SS=0	−1.416	0.084	284.372	0	−1.581	−1.252
	SS=1	0.080	0.076	1.109	0.292	−0.069	0.228
	SS=2	1.355	0.082	274.22	0	1.194	1.515
	SS=3	3.049	0.116	688.338	0	2.821	3.276
Location	Outdoor temperature	0.036	0.010	13.136	0	0.017	0.056

南向窗户过渡季室外温度与遮阳状态之间的回归结果　　　表 2-6

		Estimate	Std. Error	Wald	Sig.	95% CI	
						Lower Bound	Upper Bound
Threshold	SS=0	−1.226	0.169	52.724	0	−1.556	−0.895
	SS=1	0.130	0.166	0.610	0.435	−0.196	0.455
	SS=2	1.383	0.169	67.003	0	1.052	1.714
	SS=3	2.817	0.183	237.062	0	2.458	3.175
Location	Outdoor temperature	0.015	0.010	2.452	0.117	−0.004	0.034

（3）西向

表 2-7、表 2-8、表 2-9 给出了西向窗户不同季节活动遮阳调节状态与室外温度之间的相关性回归结果。与前两个方向的情况相似，显著性检验 Sig. 值也存在大于 0.05，说明西向窗户活动遮阳调节状态与室外温度之间不存在显著相关性。

西向窗户夏季室外温度与遮阳状态之间的回归结果　　　　表 2-7

		Estimate	Std. Error	Wald	Sig.	95% CI	
						Lower Bound	Upper Bound
Threshold	SS=0	−1.204	0.263	20.922	0	−1.720	−0.688
	SS=1	0.315	0.261	1.465	0.226	−0.195	0.826
	SS=2	1.559	0.263	35.151	0	1.044	2.074
	SS=3	3.032	0.271	124.703	0	2.500	3.564
Location	Outdoor temperature	0.022	0.009	5.976	0.015	0.004	0.039

西向窗户冬季室外温度与遮阳状态之间的回归结果　　　　表 2-8

		Estimate	Std. Error	Wald	Sig.	95% CI	
						Lower Bound	Upper Bound
Threshold	SS=0	−1.616	0.086	354.628	0	−1.784	−1.448
	SS=1	−0.232	0.076	9.345	0.002	−0.380	−0.083
	SS=2	1.200	0.081	220.713	0	1.041	1.358
	SS=3	2.670	0.109	602.622	0	2.456	2.883
Location	Outdoor temperature	0.005	0.010	0.210	0.647	−0.015	0.024

西向窗户过渡季室外温度与遮阳状态之间的回归结果　　　　表 2-9

		Estimate	Std. Error	Wald	Sig.	95% CI	
						Lower Bound	Upper Bound
Threshold	SS=0	−1.035	0.169	37.490	0	−1.367	−0.704
	SS=1	0.226	0.166	1.843	0.175	−0.100	0.552
	SS=2	1.491	0.170	77.033	0	1.158	1.824
	SS=3	2.971	0.183	262.856	0	2.612	3.330
Location	Outdoor temperature	0.032	0.010	11.026	0.001	0.013	0.051

因此，从上面三个方向的分析可以看出，遮阳调节行为的影响主因不是室外温度。

2.3.2　太阳辐射与遮阳状态

（1）东向

表 2-10、表 2-11、表 2-12 给出了东向各季节垂直面太阳辐射与窗户遮阳状态之间的累积比数 Logit 回归关系，location 项为太阳辐射，可以看出 Wald 值较大，Sig. 值均小于 0.05，这表明太阳辐射与遮阳状态之间的回归结果具有显著相关性。

东向窗户夏季太阳辐射与遮阳状态之间的回归结果　　　表 2-10

		Estimate	Std. Error	Wald	Sig.	95% CI	
						Lower Bound	Upper Bound
Threshold	SS=0	−0.907	0.076	143.218	0	−1.056	−0.759
	SS=1	0.539	0.070	58.984	0	0.401	0.676
	SS=2	1.839	0.082	506.811	0	1.679	1.999
	SS=3	3.396	0.111	935.325	0	3.178	3.613
Location	Solar radiation	0.004	0	218.580	0	0.003	0.004

东向窗户冬季太阳辐射与遮阳状态之间的回归结果　　　表 2-11

		Estimate	Std. Error	Wald	Sig.	95% CI	
						Lower Bound	Upper Bound
Threshold	SS=0	−0.684	0.070	95.936	0	−0.820	−0.547
	SS=1	0.628	0.067	87.371	0	0.496	0.759
	SS=2	1.913	0.080	569.968	0	1.756	2.070
	SS=3	3.420	0.112	928.972	0	3.200	3.640
Location	Solar radiation	0.004	0	215.723	0	0.004	0.005

东向窗户过渡季太阳辐射与遮阳状态之间的回归结果　　　表 2-12

		Estimate	Std. Error	Wald	Sig.	95% CI	
						Lower Bound	Upper Bound
Threshold	SS=0	−0.693	0.073	89.760	0	−0.836	−0.550
	SS=1	0.626	0.070	79.058	0	0.488	0.764
	SS=2	1.898	0.082	529.349	0	1.736	2.059
	SS=3	3.389	0.113	904.121	0	3.168	3.610
Location	Solar radiation	0.004	0	194.496	0	0.004	0.005

（2）南向

表 2-13、表 2-14、表 2-15 给出了南向窗户不同季节活动遮阳调节状态与太阳辐射之间的相关性回归结果。与东向情况相似，显著性检验 Sig. 值小于 0.05，说明南向窗户活动遮阳调节状态与太阳辐射之间存在显著相关性。

南向窗户夏季太阳辐射与遮阳状态之间的回归结果　　　表 2-13

		Estimate	Std. Error	Wald	Sig.	95% CI	
						Lower Bound	Upper Bound
Threshold	SS=0	−0.414	0.067	38.353	0	−0.545	−0.283
	SS=1	0.946	0.067	202.065	0	0.816	1.077
	SS=2	2.340	0.078	895.071	0	2.186	2.493
	SS=3	3.857	0.101	1448.838	0	3.658	4.055
Location	Solar radiation	0.008	0	397.524	0	0.007	0.009

南向窗户冬季太阳辐射与遮阳状态之间的回归结果　　　　表 2-14

		Estimate	Std. Error	Wald	Sig.	95% CI	
						Lower Bound	Upper Bound
Threshold	SS=0	−0.809	0.068	141.410	0	−0.943	−0.676
	SS=1	0.831	0.065	163.885	0	0.704	0.959
	SS=2	2.326	0.080	841.014	0	2.169	2.483
	SS=3	4.177	0.118	1257.896	0	3.946	4.408
Location	Solar radiation	0.004	0	382.933	0	0.003	0.004

南向窗户过渡季太阳辐射与遮阳状态之间的回归结果　　　　表 2-15

		Estimate	Std. Error	Wald	Sig.	95% CI	
						Lower Bound	Upper Bound
Threshold	SS=0	−0.417	0.070	35.551	0	−0.554	−0.280
	SS=1	1.047	0.070	225.863	0	0.910	1.184
	SS=2	2.480	0.082	919.513	0	2.320	2.641
	SS=3	4.157	0.108	1472.828	0	3.945	4.370
Location	Solar radiation	0.008	0	420.527	0	0.008	0.009

（3）西向

表 2-16、表 2-17、表 2-18 给出了西向窗户不同季节活动遮阳调节状态与太阳辐射之间的相关性回归结果。与东、南向情况相似，显著性检验 Sig. 值小于 0.05，说明西向窗户活动遮阳调节状态与太阳辐射之间存在显著相关性。

西向窗户夏季太阳辐射与遮阳状态之间的回归结果　　　　表 2-16

		Estimate	Std. Error	Wald	Sig.	95% CI	
						Lower Bound	Upper Bound
Threshold	SS=0	−0.941	0.069	185.218	0	−1.077	−0.806
	SS=1	0.694	0.062	127.410	0	0.574	0.815
	SS=2	2.150	0.074	840.551	0	2.005	2.296
	SS=3	3.800	0.100	1431.752	0	3.604	3.997
Location	Solar radiation	0.004	0	560.120	0	0.004	0.004

西向窗户冬季太阳辐射与遮阳状态之间的回归结果　　　　表 2-17

		Estimate	Std. Error	Wald	Sig.	95% CI	
						Lower Bound	Upper Bound
Threshold	SS=0	−0.968	0.068	200.535	0	−1.102	−0.834
	SS=1	0.505	0.062	66.352	0	0.384	0.627
	SS=2	2.083	0.078	715.291	0	1.930	2.235
	SS=3	3.627	0.110	1086.311	0	3.411	3.843
Location	Solar radiation	0.003	0	281.944	0	0.003	0.003

比例，箭头代表遮阳随机调节的下一个状态。可见，其中的任意一种遮阳状态均可能在下一时刻转移到其他四种状态或者保持当前状态，差异只不过是其转移的概率大小不同而已。而这些转移概率的大小恰好反映了主客观因素综合作用的结果。通过将遮阳状态按照时间序列进行排列，并统计不同状态转移至其他状态的次数占总次数之比便可得到转移概率，从而能够得到基于实测结果的实际遮阳行为调节模型。遮阳调节的一步转移概率计算方法如下：

$$p_{i,j} = \frac{N_{i,j}}{\sum\limits_{j=0}^{4} N_{i,j}} \tag{3-7}$$

式中，$p_{i,j}$ 为从遮阳 i 状态转移至 j 状态的概率，$i,j = 0,1,2,3,4$ 为遮阳状态中的一种，$N_{i,j}$ 为遮阳状态 i 转移至状态 j 的次数。通过建立该模型，下面将实现基于遮阳随机调节行为的能耗及光热性能耦合分析。

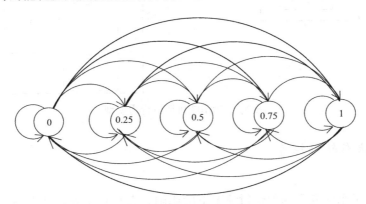

图 3-3　遮阳状态转移图

3.3.1　遮阳状态转移矩阵的分类

根据之前的遮阳状态变化及人体的行为规律，遮阳调节与太阳辐射强度有较大的相关性，因此，有必要按照辐射分类进行遮阳状态转移矩阵的统计。理论上可以划分出无限个区间进行统计，但事实上这样做既不现实也无必要，而一般按照太阳直射辐射是否照射到为界限进行划分则既简单又相对比较科学。因此，这里按照没有太阳直射辐射、受到太阳辐射、从无太阳直射辐射到有太阳直射辐射、从有太阳直射辐射到无太阳直射辐射四个情况进行遮阳状态转移矩阵的统计。根据对各朝向太阳辐射的观测，西向可选择 $300\text{W}/\text{m}^2$，东向和南向可选择 $150\text{W}/\text{m}^2$ 作为有无太阳直射辐射的分界线。根据上一节的公式，遮阳状态转移矩阵的统计方法为将遮阳状态按时间顺序逐时排序（非工作时间不考虑，因为此时没有调节行为发生），然后按照上述的辐射分类，对某一季节内的遮阳状态的变化情况进行汇总，统计遮阳保持原态及调节成其他状态的次数，那么各转变次数与总状态次数之比即为状态转移概率，也就是说发生某个转变的次数越多其发生的概率也越大。通过这样的方法就可以得到各季节各种辐射分类情况下的遮阳状态转移矩阵，进而通过产生符合此转移矩阵的随机数便可得到下一时刻遮阳的状态。图 3-4 所示为本书的遮阳随机调节行为模型，其中虚线框部分为五种可能的遮阳调节状态，根据马尔科夫状态转移矩阵确定转移到下一步不同遮阳状态的概率。

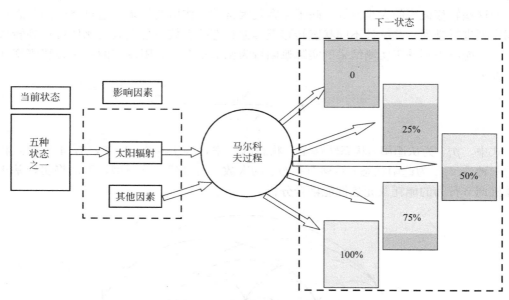

图 3-4   遮阳随机调节行为模型

3.3.2   遮阳状态转移矩阵

（1）东向

图 3-5 给出了东向夏季四种辐射情况下的遮阳状态转移矩阵，其中图 3-5（a）为太阳总辐射小于 150W/m² （代表没有直射辐射状态），图 3-5（b）为太阳总辐射从小于 150W/m²到大于等于 150W/m² （代表从没有直射辐射到刚受到太阳直射辐射状态），图 3-5（c）为太阳总辐射大于 150W/m² （代表持续处于直射辐射状态），图 3-5（d）为太阳总辐射从大于 150W/m² 到小于等于 150W/m² （代表从受到太阳直射辐射到没有直射辐射状态）。图中横坐标为遮阳状态，纵坐标为转移概率，柱状图中不同图案代表转移到不同遮阳状态的概率，比如 0TO 代表从遮阳 0 状态转移到 0~4 状态的概率，其他依次类推。可以看出遮阳保持原状态的概率比较高，基本都处于 0.5 以上，特别是没有太阳直射辐射及转变至没有直射辐射状态的概率都在 0.7 左右，这说明人的遮阳调节行为不是很频繁（或是忙于工作忽略了调节遮阳）；而从没有太阳直射辐射到有太阳直射辐射以及持续处于直射辐射状态的情况，遮阳状态在 0 和 1 的概率明显下降，而状态 2~4 的概率上升，说明室内人员将遮阳进一步拉下以遮挡直射辐射。

图 3-6 是东向窗户冬季的遮阳状态转移矩阵。与夏季情况类似，遮阳保持原状态的概率比较高，同时，有太阳直射辐射的情况下遮阳状态也是朝着遮挡窗户面积比例高的转移，但明显没有夏季转变的概率大，这可能是由于冬季室内人员希望能获得太阳直射辐射，提高室内热舒适度。图 3-7 给出了东向窗户过渡季的遮阳状态转移矩阵。可见，过渡季的情况与冬季比较接近，说明这两种季节遮阳的调节有较大的相似之处。

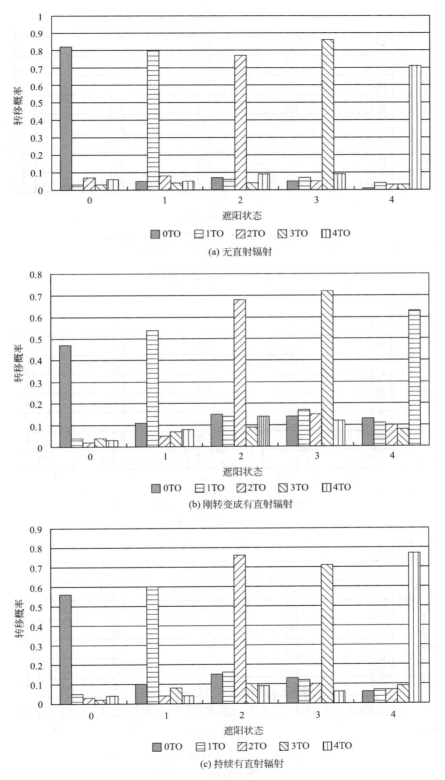

图 3-5 东向窗户夏季遮阳状态转移矩阵（一）

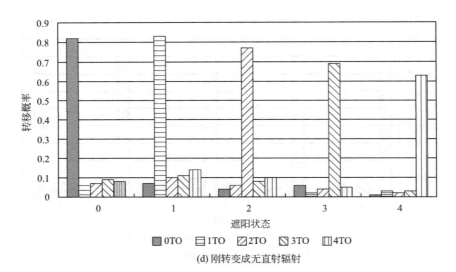

(d) 刚转变成无直射辐射

图 3-5　东向窗户夏季遮阳状态转移矩阵（二）

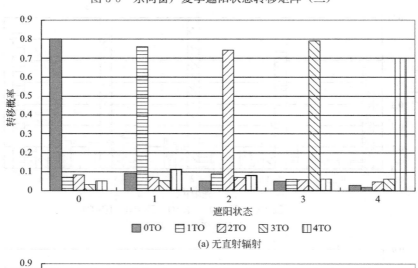

(a) 无直射辐射

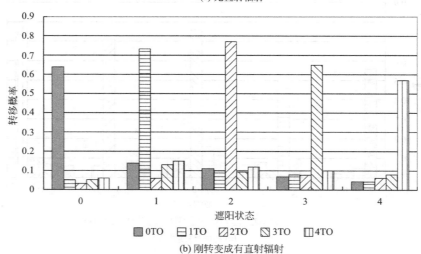

(b) 刚转变成有直射辐射

图 3-6　东向窗户冬季遮阳状态转移矩阵（一）

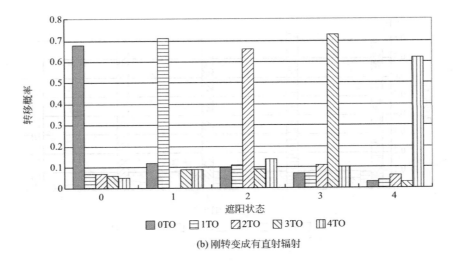

(b) 刚转变成有直射辐射

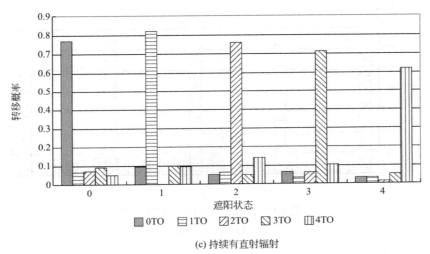

(c) 持续有直射辐射

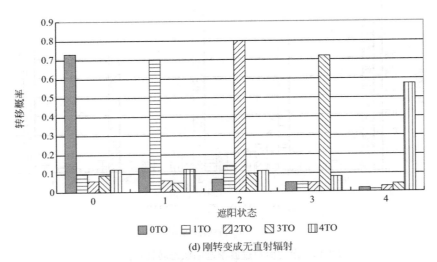

(d) 刚转变成无直射辐射

图 3-9　南向窗户冬季遮阳状态转移矩阵（二）

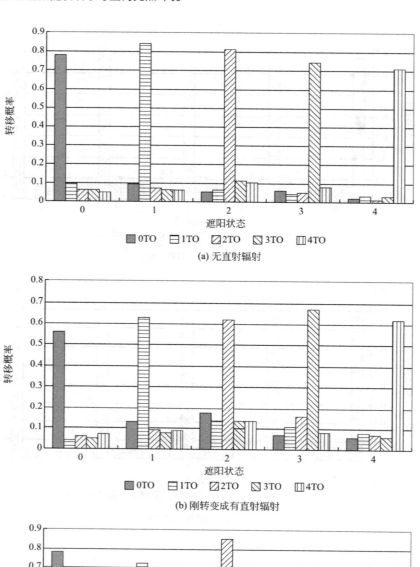

(a) 无直射辐射

(b) 刚转变成有直射辐射

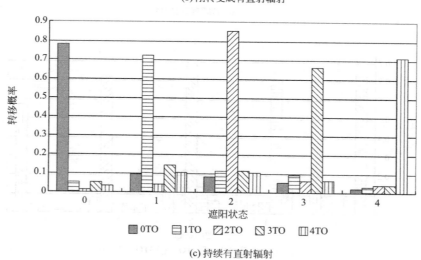

(c) 持续有直射辐射

图 3-10　南向窗户过渡季遮阳状态转移矩阵（一）

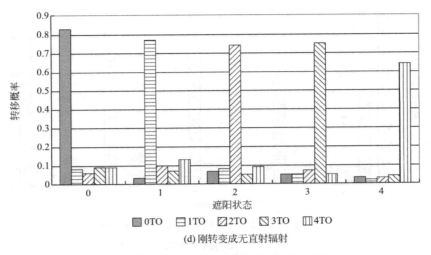

(d) 刚转变成无直射辐射

图 3-10　南向窗户过渡季遮阳状态转移矩阵（二）

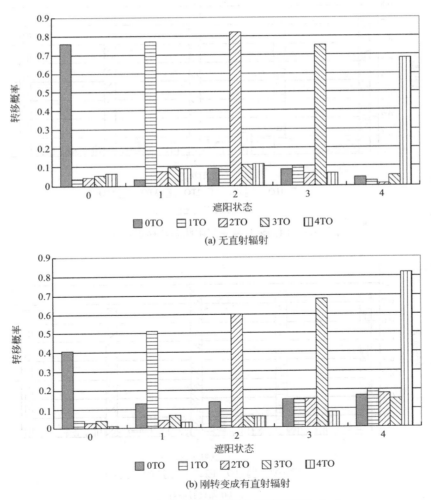

(a) 无直射辐射

(b) 刚转变成有直射辐射

图 3-11　西向窗户夏季遮阳状态转移矩阵（一）

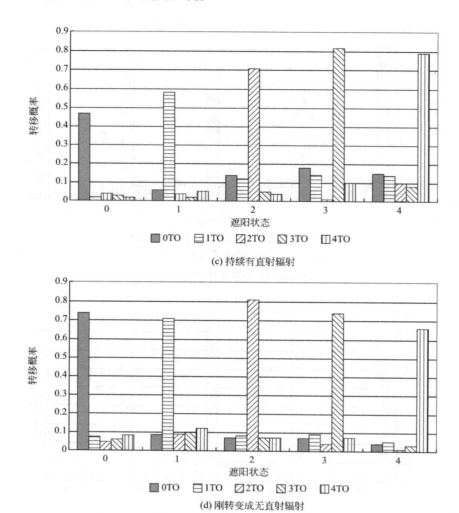

(c) 持续有直射辐射

(d) 刚转变成无直射辐射

图 3-11　西向窗户夏季遮阳状态转移矩阵（二）

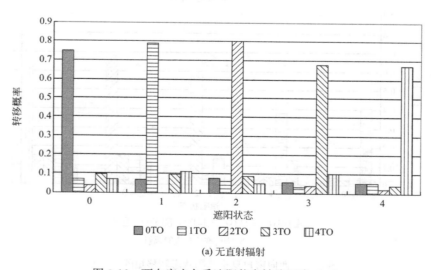

(a) 无直射辐射

图 3-12　西向窗户冬季遮阳状态转移矩阵（一）

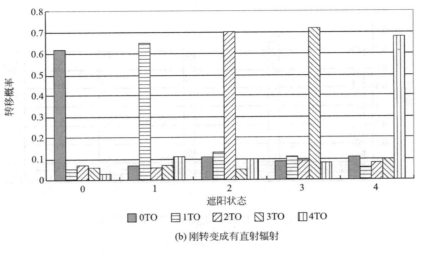

(b) 刚转变成有直射辐射

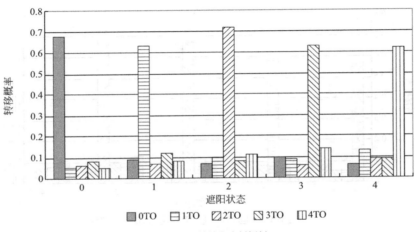

(c) 持续有直射辐射

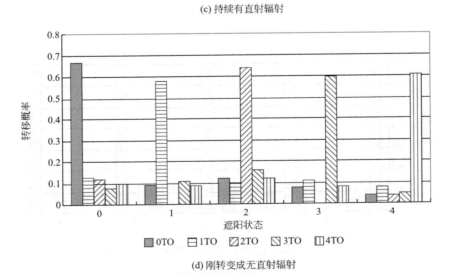

(d) 刚转变成无直射辐射

图 3-12　西向窗户冬季遮阳状态转移矩阵（二）

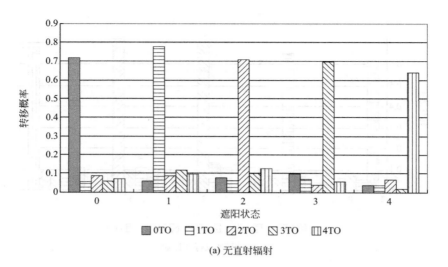

(a) 无直射辐射

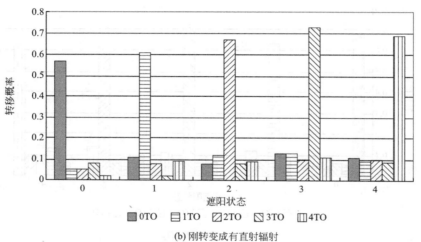

(b) 刚转变成有直射辐射

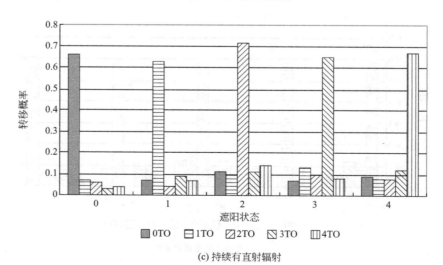

(c) 持续有直射辐射

图 3-13　西向窗户过渡季遮阳状态转移矩阵（一）

墙体内表面温度，而不同于一般的基于室内空气温度的反应系数法。热平衡法是围护结构内外表面之间和室内空气的热平衡方程组的精确解法，它突破了传递函数法（TFM）的各种不足。在每个时间步长，软件会从建筑围护结构内表面开始计算辐射、对流和传湿。在 EnergyPlus 中，采用了各向异性的天空模型对 DOE-2 的日光照明模型进行了改进，以更为精确地模拟倾斜表面上的天空散射强度。

4.2　BCVTB 模型的构建

4.2.1　模型输入部分

要实现基于人体行为的遮阳随机调节模型的耦合性能计算，最重要的是通过 BCVTB 平台构建该行为模型。由于 BCVTB 本身只具备加减乘除、逻辑运算等的基本函数，因此，需要通过各个函数的组合连接等方式，才能构建符合第 3 章的遮阳随机调节行为耦合计算模型（如图 4-4 所示）。该模型包括输入部分、计算部分和输出反馈部分，其中最主要的部分是与 Energyplus 模拟软件连接的遮阳行为模型输入部分，它由时间模块（图中 a 部分）、季节模块（图中 b 部分）和遮阳调节模块（图中 c 部分）构成。

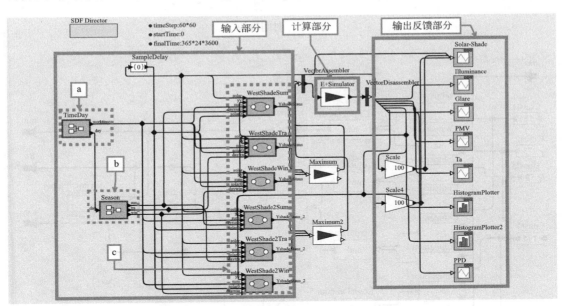

图 4-4　通过 BCVTB 构建的遮阳调节行为耦合分析模型

其中时间模块用于确定一天中的办公时间，这里我们按照一般办公时间 8:00—17:00 进行考虑，详细模块如图 4-5 所示。由于遮阳调节行为一般只发生在办公时间，因此，通过该模块输出 Worktime 值，当该值为 1 时，即为办公时间，该值为 0 或 2 时，为非办公时间。

季节模块则是按照第 3 章中提到的遮阳调节模型在不同季节的差异性，用于确定当前所处的季节，详细模型如图 4-6 所示。以时间模块的另一个输出 Day 作为该模块的输入，并与各季节的边界天数进行比较，确定当前所处的季节。例如，Day 输出为 40，即二月的第 9 天，其值小于 59（2 月底的最后一天），则 Comparator7 函数将输出逻辑判断结果

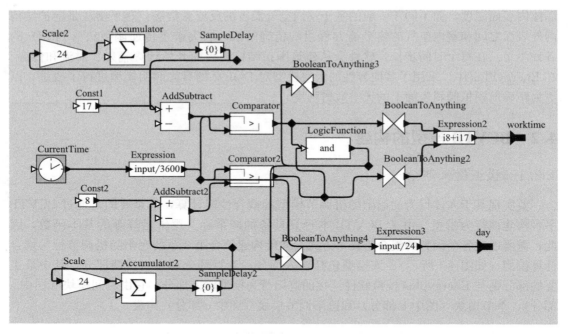

图 4-5　时间模块

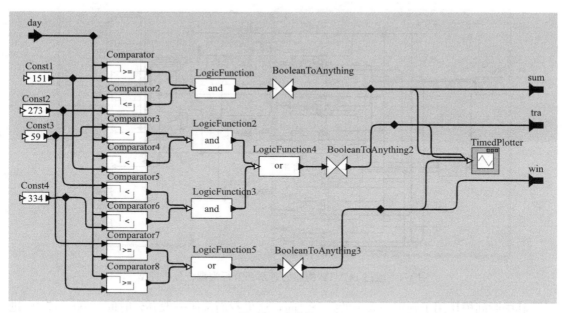

图 4-6　季节模块

True，并最后转化为 1 在 Win 端口输出，其他端口则输出 0。

　　为了使遮阳分析研究更接近实际，将办公区窗户遮阳的数量设置为并排两个，每个遮阳都可以独立控制，并符合前面提到的行为控制模型。因此，图中 c 部分遮阳调节模块由 6 个子模块组成，上面三个子模块分别代表遮阳 1 在夏季、过渡季和冬季的遮阳调节行为，而下面三个子模块则代表了遮阳 2。各子模块内遮阳调节的马尔科夫转移矩阵分为以下五种，即非工作时间和四种工作时间状态（例如西向，辐射小于 300、辐射大于 300、辐射从小于 300 变化到大于 300，辐射从大于 300 变化到小于 300，如图 4-7 所示，图中 Summer<300 等代表不同辐射情况下的遮阳状态随机转移模块，其满足的边界条件见表 4-1）。根据工作时间、季节以及前一时刻的太阳辐射强度，确定遮阳调节满足哪一种马尔科夫状态转移矩阵，随环境条件变化，遮阳调节模型在各个状态转移矩阵之间切换。各个状态转移矩阵通过模块（图 4-7）来实现，该模块中 Summer<300 等状态转移模块又由图 4-8 子模块构成，而该图中的 Random 函数（图 4-9）用以产生符合状态转移概率矩阵中某一行概率密度的随机数（pmf 行代表转移概率密度，values 行代表对应概率密度下的随机数值）。然后根据前一时刻的遮阳所处状态及产生的随机数，通过图 4-10 的马尔科夫跳转模型来确定遮阳的下一所处的状态。

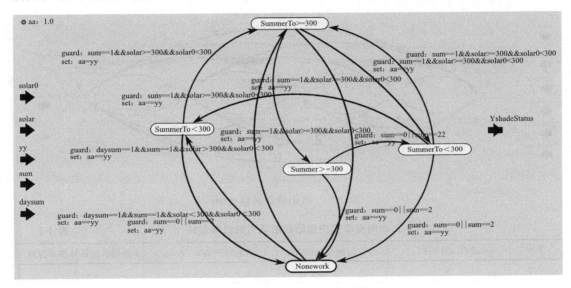

图 4-7　西向夏季遮阳调节模块

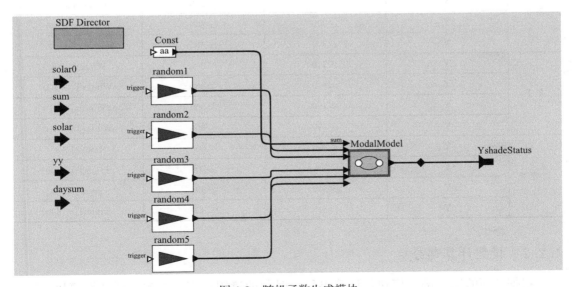

图 4-8　随机函数生成模块

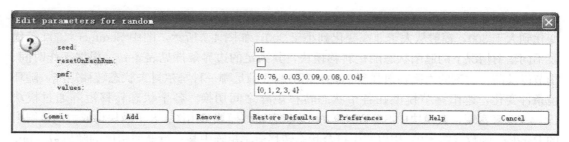

图 4-9　符合转移概率密度的随机数产生函数

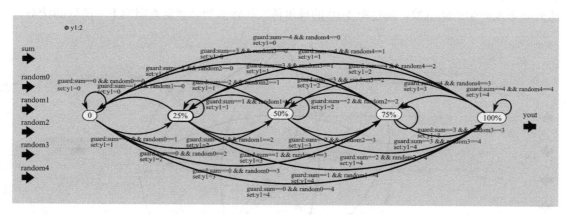

图 4-10　遮阳状态转移模块

西向夏季窗户遮阳状态调节的边界条件　　　　　　　　表 4-1

季节	是否工作时间	前一时刻辐射(W/m²)	当前时刻辐射(W/m²)	遮阳状态转移概率矩阵
全年	N	Any	Any	NoneWork
夏季	Y	<300	<300	Summer<300
	Y	<300	≥300	SummerTo≥300
	Y	≥300	≥300	Summer≥300
	Y	≥300	<300	SummerTo<300
冬季	Y	<300	<300	Winter<300
	Y	<300	≥300	WinterTo≥300
	Y	≥300	≥300	Winter≥300
	Y	≥300	<300	WinterTo<300
过渡季	Y	<300	<300	Trans<300
	Y	<300	≥300	TransTo≥300
	Y	≥300	≥300	Trans≥300
	Y	≥300	<300	TransTo<300

4.2.2　模型计算部分

根据前面的输入部分模块，计算出每个时刻的遮阳状态，并输入到计算模块（E+

Simulator）中供 Energyplus 调用，用于计算遮阳调节模型对室内光热环境的影响。E+ Simulator 中的设置如图 4-11 所示，其中 RunEPlus. bat 调用 Energyplus 主程序，EM-SWindowShadeControl 为 Energyplus 的 IDF 源代码名称，NingboTMY 为宁波典型气象年。EMSWindowShadeControl 代码中采用如下代码实现遮阳状态通过外部输入数据进行控制调节。其中，BCVTB 输出遮阳状态数据 YshadeStatus 到 Energyplus，根据 YshadeStatus 值的大小，确定遮阳所处的状态。例如，当 YshadeStatus 为 3 时，ShadeSignal1、ShadeSignal2、ShadeSignal3 都为 1，ShadeSignal4 为 0，此时窗帘处于遮挡 75% 窗户的状态。

```
EnergyManagementSystem：Program，
    Set _ Shade _ Control _ State，！- Name
    Set Shade _ Signal _ 01 ＝ YshadeStatus，
    IF YshadeStatus＝＝0，
    Set Shade _ Signal4 ＝ 0，
    Set Shade _ Signal3 ＝ 0，
    Set Shade _ Signal2 ＝ 0，
    Set Shade _ Signal1 ＝ 0，
    Return，
    ELSEIF YshadeStatus＝＝1，
    Set Shade _ Signal4 ＝1，
    Set Shade _ Signal3 ＝ 0，
    Set Shade _ Signal2 ＝ 0，
    Set Shade _ Signal1 ＝ 0，
    ELSEIF YshadeStatus＝＝2，
    Set Shade _ Signal4 ＝1，
    Set Shade _ Signal3 ＝ 1，
    Set Shade _ Signal2 ＝ 0，
    Set Shade _ Signal1 ＝ 0，
    ELSEIF YshadeStatus＝＝3，
    Set Shade _ Signal4 ＝1，
    Set Shade _ Signal3 ＝1，
    Set Shade _ Signal2 ＝1，
    Set Shade _ Signal1 ＝ 0，
    ELSEIF YshadeStatus＝＝4，
    Set Shade _ Signal4 ＝1，
    Set Shade _ Signal3 ＝1，
    Set Shade _ Signal2 ＝1，
    Set Shade _ Signal1 ＝1，
    ENDIF；
```

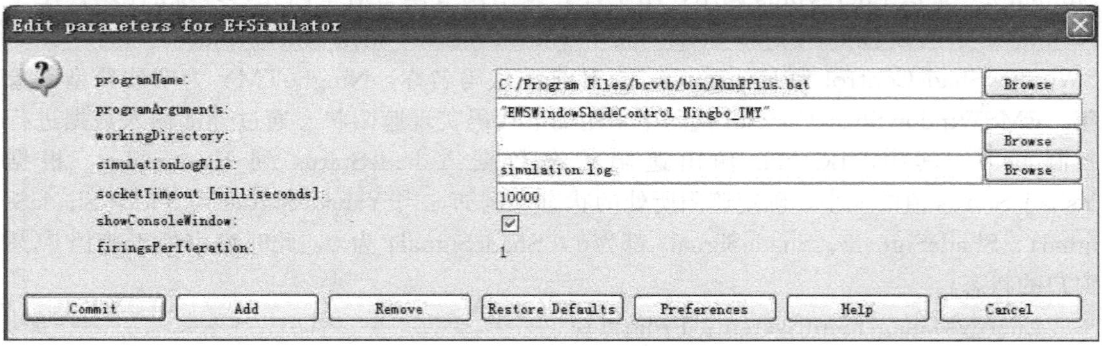

图 4-11　Energyplus 计算程序调用

4.2.3　输出反馈部分

该部分包括了 Energyplus 的光热环境计算输出结果（如室内空气温度、*PMV*、*PPD* 指标、室内工作面照度、眩光 *DGI* 指标及遮阳状态等），同时还输出外墙面受到的太阳辐射强度，并作为 BCVTB 的输入，用于分析下一个时间步的遮阳状态。

4.2.4　BCVTB 与 EnergyPlus 同步数据交换

BCVTB 与 EnergyPlus 之间数据交换的文件代码为：

```
<? xml version="1.0" encoding="ISO-8859-1"? >
<! DOCTYPE BCVTB-variables SYSTEM "variables. dtd">
<BCVTB-variables>
<! − Variables computed by EnergyPlus −>
    <variable source="EnergyPlus">
    <EnergyPlus name="Zn001: Wall004: Win001" type="Surface Ext Solar Incident"/>
    </variable>
    <variable source="EnergyPlus">
        <EnergyPlus name="ZONE ONE" type="Daylight Illum atRef Point 1"/>
    </variable>
    <variable source="EnergyPlus">
        <EnergyPlus name="ZONE ONE" type="Glare Index at Ref Point 1"/>
    </variable>
      <variable source="EnergyPlus">
        <EnergyPlus name="ZONE ONE" type="FangerPMV"/>
    </variable>
      <variable source="EnergyPlus">
        <EnergyPlus name="ZONE ONE" type="KsuTSV"/>
    </variable>
```

```
<variable source="EnergyPlus">
<EnergyPlus name="ZONE ONE" type="Zone Mean Air Temperature"/>
</variable>
<variable source="EnergyPlus">
<EnergyPlus name="EMS" type="Erl Shading Control Status"/>
</variable>
  <variable source="EnergyPlus">
  <EnergyPlus name="EMS" type="Erl Shading Control Status_2"/>
</variable>
    <variable source="EnergyPlus">
      <EnergyPlus name="ZONE ONE"type="FangerPPD"/>
</variable>
<! -- Variable computed by Ptolemy II -->
<variable source="Ptolemy">
  <EnergyPlus variable="YshadeStatus"/>
</variable>
<variable source="Ptolemy">
    <EnergyPlus variable="YshadeStatus_2"/>
</variable>
</BCVTB-variables>
```

其中 variable source＝"EnergyPlus" 代表数据来源于 EnergyPlus，这里 type＝"Surface Ext Solar Incident" 表示从 EnergyPlus 计算过程中获得外表面的太阳辐射强度，type＝"Daylight Illum at Ref Point 1" 表示工作面的照度，type＝"Glare Index at Ref Point 1" 表示室内的自然采光眩光指标 DGI，type＝"FangerPMV" 表示热舒适 PMV 指标，type＝"FangerPPD" 表示 PPD 指标，type＝"Erl Shading Control Status" 表示 EnergyPlus 中的遮阳状态。同样，variable source＝"Ptolemy" 代表数据来源于 BCVTB 中的 Ptolemy，EnergyPlus variable＝"YshadeStatus" 代表 BCVTB 计算得到的遮阳状态传递给 EnergyPlus。

4.3　典型办公建筑模型

4.3.1　模型参数

考虑到一般办公建筑层数高，窗户多，遮阳窗帘则更多，因此，如果按照前面的输入设置，则每个遮阳窗帘都建立三个季节的状态转移模型，那么从建筑模拟的角度来说，将使模拟变得极为复杂。所以，为了简化计算又不失一般性，各朝向仅挑选一个办公房间作为研究对象。

由于大型办公建筑一般都在 20 层以上，每层又有众多的办公房间构成，考虑到遮阳调节模型分析的便利性，我们选择了一个典型办公房间进行分析，这样既可以减少遮阳建模的复杂性，同时也符合建筑性能分析的常规做法[67]。所选办公房间的尺寸为典型办公房间大小，围护结构热特性参数（不包括窗户，窗户将在 4.4 节分多种情况进行考虑）及空调设置参照常规建筑节能要求，具体见表 4-2，在 EnergyPlus 中所建立的模型如图 4-12 所示。

<table>
<tr><td colspan="2" style="text-align:center">办公房间热工性能参数设置　　　　　　　　　　　　　　　表 4-2</td></tr>
</table>

参数	指标
尺寸	4m×4m×3m，窗户大小 3.8m×2.8m
围护结构设置	外墙传热系数 1W/(m² · K)，其他三面墙体、顶板和地面设置为绝热窗户分别设置为四种常用的节能措施： (1)普通中空玻璃窗(简称 CL)，传热系数 3.6W/(m² · K)，遮阳系数 Sc 0.84； (2)Low-E 中空玻璃窗(简称 Low-E)，传热系数 3.0W/(m² · K)，遮阳系数 Sc 0.56； (3)普通中空玻璃窗＋活动内遮阳(简称 Shadeint)，遮阳材料 Sc 0.2； (4)普通中空玻璃窗＋活动外遮阳(简称 Shadeext)，遮阳材料 Sc 0.2
办公时间	8:00—17:00
空调系统设置	温度：20～26℃，运行时间：8:00—17:00
内扰设置	照明功率密度：11W/m²；设备功率：20W/m²
新风量	40m³/(h · p)

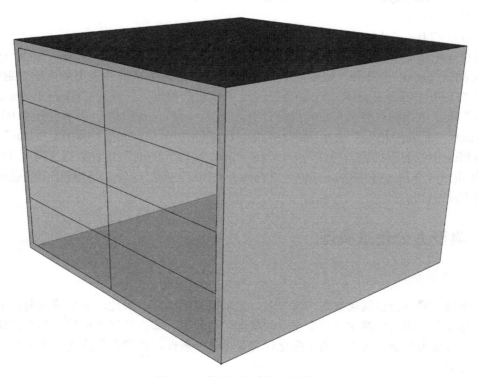

图 4-12　典型办公建筑房间模型

4.3.2　计算设置

为比较目前现有各类遮阳措施对室内光热环境的影响，在保证围护结构其他参数及内扰设置不变的情况下，分别选择普通中空玻璃窗（简称 CL），传热系数 $3.6W/(m^2 \cdot K)$，遮阳系数 Sc 为 0.84；Low-E 中空玻璃窗（简称 Low-E），传热系数 $3.0W/(m^2 \cdot K)$，遮阳系数 Sc 为 0.56（按照文献[96]，这是办公建筑适宜的遮阳系数）；普通中空玻璃窗＋活动内遮阳（简称 Shadeint），遮阳材料 Sc 为 0.2；普通中空玻璃窗＋活动外遮阳（简称 Shadeext），遮阳材料 Sc 为 0.2。这四种措施进行对比分析，从而确定基于行为调节方式的活动遮阳在光热性能方面的优劣。此外，窗户的设置如图 4-12 所示，为两边各 4 个，这样做是为实现遮阳 0～100％五种调节模式。由于 EnergyPlus 中遮阳的设置只能为遮挡 100％或 0，无法按窗户面积比例进行设置，因此，将窗户分割成上下四块，那么从上到下逐步遮挡每一块玻璃窗，即可实现所需的五种遮阳状态。

在分析光热性能时，要考虑室内人员和办公所处的位置，因为这直接影响到了眩光 DGI、照度以及室内人员热舒适度的计算。因此，根据调研拍摄的照片（如图 4-13 所示），一般室内人员喜欢将办公座位靠近窗户，这样一方面可以获得很好的采光和视野，同时也能方便地调节遮阳设施。因此，这里将室内人员办公位置布置在各朝向窗户的旁边（如图 4-14 所示）。人员所在位置为靠窗和靠后侧墙面各 1.2m，并且眼睛朝着窗户 45℃的角度斜向室外看，同时这也是 EnergyPlus 中 DGI 计算的方向（高度为 1.2m）；而室内工作面的水平自然采光照度计算点也是该位置，水平高度为 0.8m。

图 4-13　实际办公建筑房间工作场所座位布置

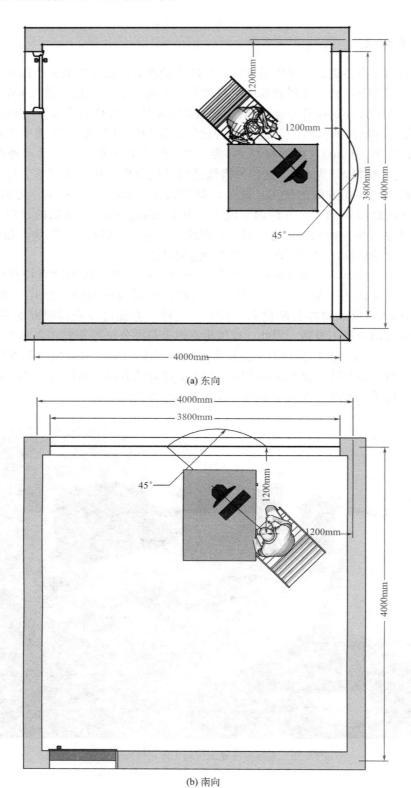

(a) 东向

(b) 南向

图 4-14　办公建筑不同朝向窗户房间室内座位布置（一）

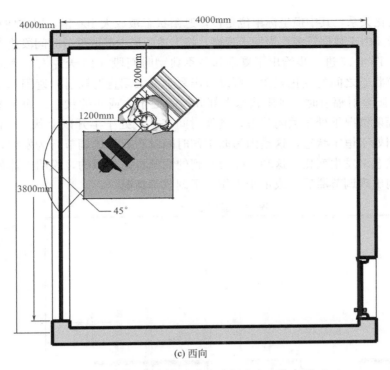

(c) 西向

图 4-14　办公建筑不同朝向窗户房间室内座位布置（二）

4.4　敏感性分析

4.4.1　遮阳调节计算结果

图 4-15 给出了利用上述模型计算得到的西向窗户太阳辐射与两个活动遮阳调节状态之间

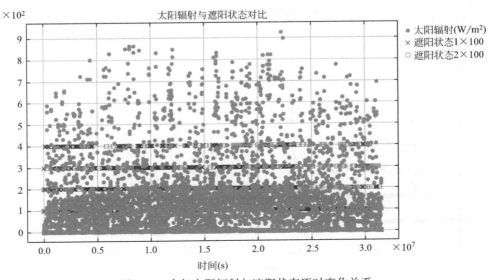

图 4-15　全年太阳辐射与遮阳状态逐时变化关系

的全年逐时变化关系，其中横坐标单位是秒，遮阳状态被放大 100 倍，以方便在图中与太阳辐射进行比较。由于数据较多，为便于观察，将上述图形中截取部分时间段放大观察。

图 4-16、图 4-17 进一步给出了夏季和冬季典型时间段（10 天左右）太阳辐射与两个活动遮阳调节状态之间的变化规律，可以看出夏季无太阳直射辐射时遮阳基本上处于状态 2 以下，有太阳直射辐射时，遮阳状态大部分时间处于 3 或 4 的状态；而冬季遮阳状态只是在部分高辐射情况下处于关闭状态，其他时间基本上处于半开以上状态。图中辐射为 0 的时间段遮阳处于恒定状态，这是因为非工作时间没有人员的调节行为发生，而其中有几天时间遮阳状态未发生变化，这和实际观察到的情况也是相似的，说明人体的调节行为可能在部分时间出现调节滞后，或忙于工作忘了调节等情况。

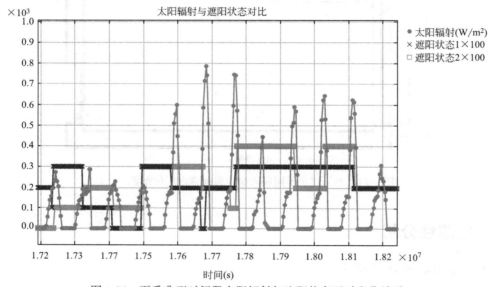

图 4-16　夏季典型时间段太阳辐射与遮阳状态逐时变化关系

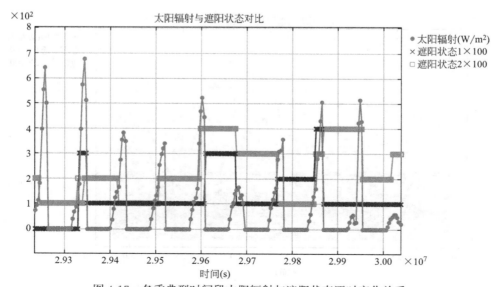

图 4-17　冬季典型时间段太阳辐射与遮阳状态逐时变化关系

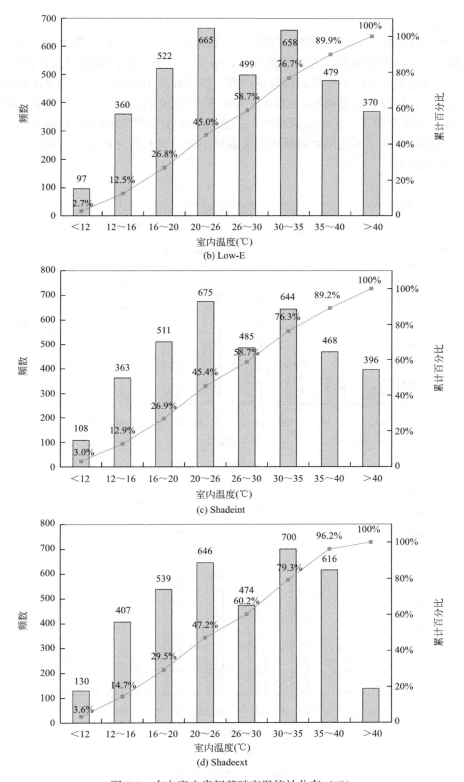

图 5-1　东向窗户房间基础室温统计分布（二）

建筑活动遮阳随机调节与室内光热环境

（2）南向

图 5-2 是南向窗户房间四种措施的室内基础室温小时数统计直方图及累积百分比。与东向相似，在这四种措施中，活动内遮阳与 Low-E 中空玻璃窗的温度分布特性较为相近，而普通中空玻璃窗的室内基础室温较其他的高。活动外遮阳则相反，室内高温的小时数最低，特别是，40℃以上高温的小时数约是 Low-E 中空玻璃窗的 1/3、普通中空玻璃窗的 1/5。同样，这也来带了一定的负面影响，其室内温度小于 12℃ 的小时数也要高于其他三项措施。说明南向活动外遮阳对降低室内极端热不舒适具有较好的效果，但也对采暖产生了一定的不利影响。

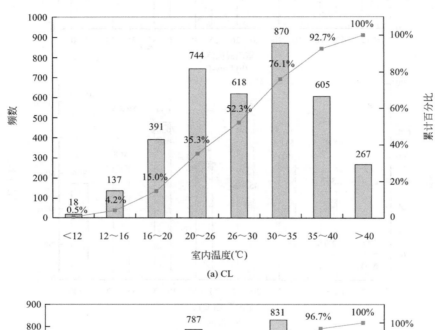

(a) CL

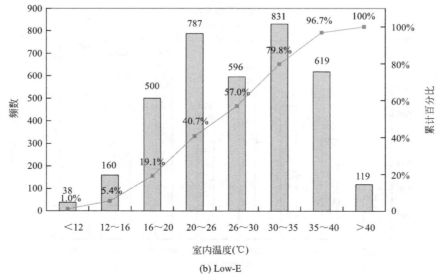

(b) Low-E

图 5-2　南向窗户房间基础室温统计分布（一）

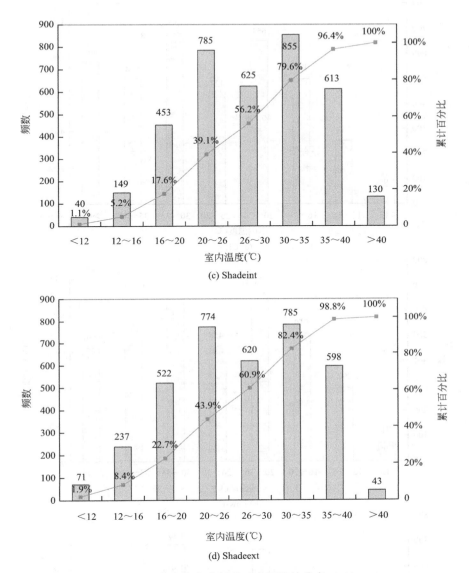

(c) Shadeint

(d) Shadeext

图 5-2　南向窗户房间基础室温统计分布（二）

（3）西向

图 5-3 是西向窗户房间四种措施的室内基础室温小时数统计直方图及累积百分比。在温度区间 20～26℃，四种措施的小时数比较来看，活动外遮阳最多（680h），其次是 Low-E（671h）和活动内遮阳（670h），普通中空玻璃窗最少（651h），其中 Low-E 和活动内遮阳基本相同。从温度大于 26℃的小时数来看，活动外遮阳占 53.6％，Low-E 和活动内遮阳相近，分别占 57.7％和 57.9％，普通中空玻璃窗最多占 59.7％。这说明活动外遮阳的隔热效果最佳，Low-E 和活动内遮阳基本接近，而普通中空玻璃则最差。从温度小于 20℃的小时数来看，规律和上面刚好相反，说明遮阳越好对采暖升温越不利。

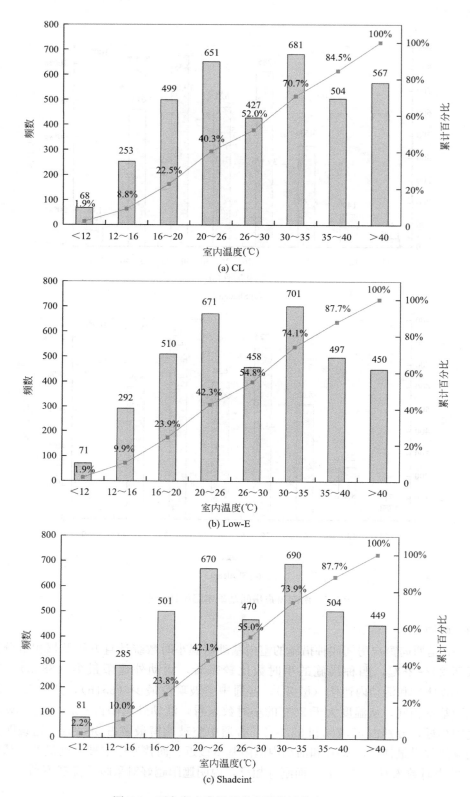

图 5-3　西向窗户房间基础室温统计分布（一）

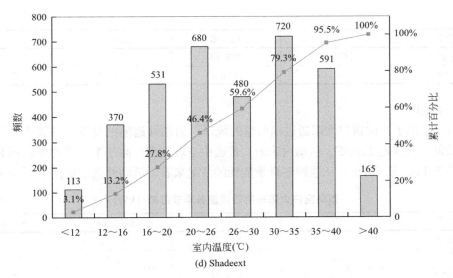

(d) Shadeext

图 5-3　西向窗户房间基础室温统计分布（二）

5.3.2　辐射透过量

（1）东向

表 5-2 给出了东向窗户太阳透过辐射量按照全年、夏季、冬季和过渡季的统计。可见，Low-E 的夏季及年总辐射透过量最低，其次是活动外遮阳、活动内遮阳、普通中空玻璃窗，这说明东向窗户活动外遮阳遮挡窗户的比例和时间较少，与实际东向窗户受辐射影响时间短的情况基本一致。而冬季，活动外遮阳和活动内遮阳要高于 Low-E。这说明东向活动遮阳的太阳辐射阻隔能力较 Low-E 低，而冬季则优于 Low-E。

东向窗户太阳辐射透过量各季节汇总（kW）　　　表 5-2

季节	CL	Low-E	Shadeint	Shadeext
夏季	1355.53	797.00	859.61	912.88
冬季	582.20	342.28	351.32	353.44
过渡季	1312.27	771.66	785.27	805.53
全年	3250.00	1910.94	1996.20	2071.85

（2）南向

表 5-3 给出了南向窗户太阳透过辐射量的统计。Low-E 的夏季辐射透过量最低，这是由于其较低的辐射透过率对散射辐射的阻隔作用效果较好；而冬季、过渡季及全年辐射透过量最低的是活动外遮阳，其次是 Low-E、活动内遮阳、普通中空玻璃窗。这是由于南向太阳入射的高度角相对较高，因而即使遮阳所处位置较高，也能较好地挡住直射辐射。

南向窗户太阳辐射透过量各季节汇总（kW）　　　表 5-3

季节	CL	Low-E	Shadeint	Shadeext
夏季	1099.89	647.36	689.33	680.51
冬季	1223.44	718.91	829.45	689.64

续表

季节	CL	Low-E	Shadeint	Shadeext
过渡季	1679.69	987.13	1107.18	888.78
全年	4003.02	2353.39	2625.95	2258.93

（3）西向

表 5-4 给出了西向窗户太阳透过辐射量的统计。活动外遮阳的夏季、过渡季和年总辐射透过量最低，其次是 Low-E、活动内遮阳、普通中空玻璃窗。而冬季，活动外遮阳和活动内遮阳要高于 Low-E。可见，从兼顾冬夏季能耗的情况来看，活动外遮阳要优于 Low-E。

西向窗户太阳辐射透过量各季节汇总（kW）   表 5-4

季节	CL	Low-E	Shadeint	Shadeext
夏季	1545.03	909.24	994.03	848.33
冬季	767.96	451.60	524.44	464.70
过渡季	1586.97	933.96	1057.05	774.41
全年	3899.96	2294.80	2575.52	2087.44

5.3.3 能耗

（1）制冷

1）东向

图 5-4 给出了四种措施逐时制冷负荷的统计分布，其中 Mean 代表平均值、Std. Dev. 代表标准差、N 代表数量。显然，在 5.3.1 中的室内基础室温基本反映了空调能耗的变化规律。制冷负荷平均值最低的是 Low-E，其次是活动外遮阳和活动内遮阳，最后是普通中空玻璃窗。从空调使用的时间上来看。活动外遮阳最少，只有 1755h，其次是 Low-E

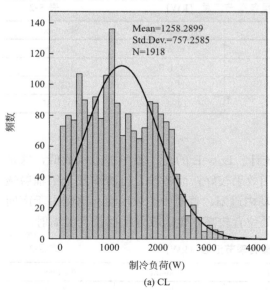

(a) CL

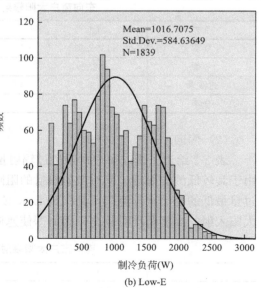

(b) Low-E

图 5-4 东向窗户房间制冷负荷统计分布（一）

太阳辐射透过 Low-E 和 CL 照射到室内人员的时间范围　　　　　表 5-5

朝向	季节	时间
东向	夏季	8:00～10:00
	冬季	8:00～10:00
	过渡季	8:00～10:00
南向	夏季	None
	冬季	8:00～15:00
	过渡季	None
西向	夏季	14:00～17:00
	冬季	14:00～17:00
	过渡季	14:00～17:00

　　对于活动遮阳来说，两个窗帘组合将会出现 25 个遮阳状态（5×5），如果按照上述方法对每一种遮阳状态进行全年判断分析，则极为复杂。为此，此处采用了一个简便但相对准确的方法：将室内工作面分成 10×10 的网格，利用 Energyplus 计算室内工作面网格节点的照度，然后用 Excel 的 VBA 宏程序将座位处网格节点的照度统计排列，并与 Low-E 相同位置处的照度进行比较，如果照度小于 Low-E，则可以判断遮阳所处状态已经阻挡了直射辐射，反之则没有遮挡。这是因为活动遮阳未遮挡太阳的情况下，普通中空玻璃窗的太阳光透过率要远高于 Low-E，由此引起的照度值一般也要高于 Low-E。

　　（1）东向

　　图 5-12 给出了东向窗户房间四种措施室内热舒适度 PMV_{rad} 指标的统计分布。由图可知，舒适区小时数最高的是活动外遮阳（1851h），其次是 Low-E（1746h）、活动内遮阳（1694h）和普通中空玻璃窗（1536h）。此外，PMV_{rad} 指标大于 2 的小时数也具有上述一致的变化规律，且大于 3 的小时数活动外遮阳要明显小于普通中空玻璃窗和 Low-E，说明活动外遮阳的夏季隔热效果要优于其他三项措施，特别是大大降低了夏季极端热不舒适性。与目前常用的 Low-E 窗相比，活动外遮阳的热舒适小时数要高 6%；而比普通中空玻璃窗高 20.5%。

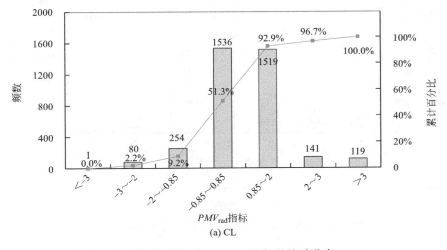

图 5-12　不同措施东向 PMV_{rad} 指标的统计分布（一）

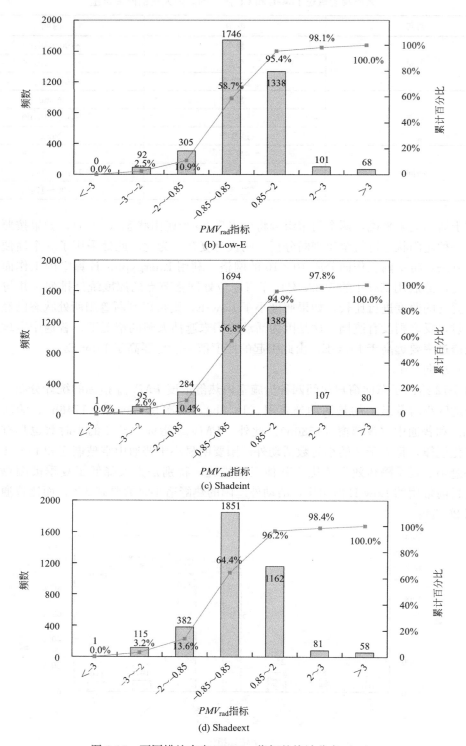

图 5-12　不同措施东向 PMV_{rad} 指标的统计分布（二）

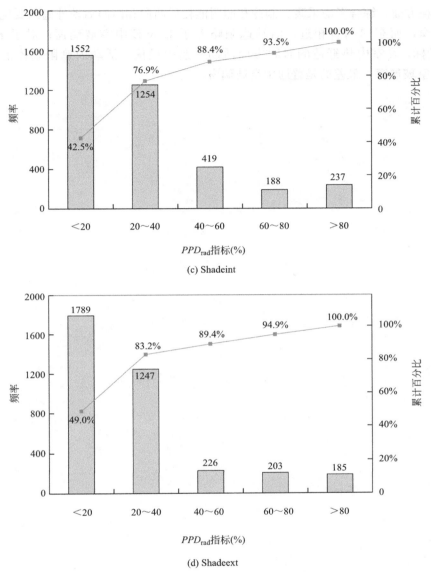

(c) Shadeint

(d) Shadeext

图 5-17　不同措施西向 PPD_{rad} 指标的统计分布（二）

5.4　本章小结

　　本章采用了基础室温、辐射、能耗以及考虑太阳辐射照射到人体的 PMV、PPD 修正指标，分析了活动遮阳（内外两种）随机调节模式对室内热环境的影响，并与常见的 Low-E 中空玻璃窗和普通中空玻璃窗进行比较。

　　从基础室温来看，活动外遮阳最佳，活动内遮阳与 Low-E 中空玻璃窗相近，最差的是普通中空玻璃窗，并且活动外遮阳对减少夏季室内高温时间效果最明显；从辐射角度来看，西向活动外遮阳要优于 Low-E 中空玻璃窗，而东向和南向两者各在冬夏季占一定优势；在能耗方面，综合考虑采暖、制冷和照明能耗后西向和南向活动外遮阳要优于 Low-E 中空玻璃窗，而东向两者相近，活动遮阳略差于 Low-E 中空玻璃窗；对于 PMV_{rad} 和 PPD_{rad} 指标，在室内热舒适的时间方面活动外遮阳最优，活动内遮阳总体上要略优于 Low-E 中空玻璃窗，最差的是普通中空玻璃窗。

第 6 章　活动遮阳对室内光环境影响

6.1　光环境评价指标选取

由于室内的光环境是否良好是一种人为的主观评价，而此种评价的获得又是通过对室内光环境各要素的视觉感受而得出。因此，影响室内人员视觉感受的各种光环境因素都可以作为室内光环境的评价指标。通过国内外相关研究成果表明：照度、亮度、眩光、光的色温以及显色指数等都会影响人们的视觉感受[103,104]。其中，自然采光的色温和显色指数一般好于人工光源，所以后两个指标主要研究室内人工照明的光环境，本书主要考虑的是遮阳措施对自然采光下的光环境影响，因此，下面将主要从前三个指标进行扩展分析。

（1）适宜自然采光照度（Useful Daylight Illuminance，*UDI*）

建筑室内工作面水平照度值直接影响了室内人员的光环境感受。照度值的要求随不同工作场所而各不相同，适宜的照度应当是大多数人都对照明环境比较满意，能保证较高的工作效率。目前，国内大都采用采光系数（Daylight Factor）作为评价自然采光效果好坏的标准，但事实上由于采光系数是按照多云天室外 5000lx 照度条件进行的一种静态分析，未考虑全年的天气变化以及一天中太阳高度角和方位角的变化，因此该指标在实际分析中可能会产生较大偏差[105]。此外，过低或过高的室内照度均会对室内的视觉舒适度产生不利影响。照度过低时会降低对物体的分辨能力，照度过高又会引起眩光，从而导致视觉疲劳和眼睛灵敏度的下降。因此，以采光系数作为评价标准并不能真实反映室内的照度舒适度。

而适宜自然采光照度[106] 通过划定适合的照度区间，考虑全年任意时刻真实天气状况下的自然采光照度，可以准确评价全年自然采光的视觉舒适性。在我国建筑照明设计要求中对不同性质建筑的室内照度水平都有不同的规定值。针对办公类建筑，一般标准规定设计值不得小于 300lx，同时国际上的相关研究表明，办公室照度不宜超过 2000lx[106]。因此，在接下来的分析中，将选择 *UDI* 指标（300～2000lx）来评价自然采光效果。

（2）照度波动

不同朝向工作面自然采光照度随天气等因素影响，使一天中不同时间的照度值存在波动，对于开窗的室内办公环境，照度波动一般是不可避免的，但照度波动过大会产生忽明忽暗的现象，影响室内人员的视觉舒适度，降低工作效率。目前，关于照度波动学术上尚无推荐的评价指标，而标准差作为数据集离散度的评价指标，已在不同领域广泛应用[107]。因此，本书以一天工作时间中照度变化的标准差来衡量照度波动的强弱。取一天作为标准差分析的数据集能反映室内人员一个连续工作时间段内的视觉感受，显然照度波动越小越好。

$$\sigma = \sqrt{\frac{1}{N}\sum_{i=1}^{N}(E_i - E_{ave})^2} \tag{6-1}$$

其中，σ 为照度标准差；N 为一天中工作的时间数，为 10；E_i 为第 i 时刻的照度值；E_{ave} 为一天中的照度平均值，可以表示为：

$$E_{ave} = \frac{1}{N}\sum_{i=1}^{N}E_i \tag{6-2}$$

（3）亮度

室内外各个表面的亮度高低形成了人眼对周围环境的适应亮度。当工作面与环境之间的亮度差过大时，就会加重眼睛瞬时适应的负担，从而产生眩光，降低视觉功效。一般在办公室内房间，工作面周围环境的亮度应当尽可能低于工作面亮度值，并且最好不要超过 1000Nits[58]，否则可能会引起视觉不舒适。

（4）眩光指标

眩光通常是指在视野范围内由于亮度分布不均匀，造成空间或者时间上存在过大的亮度对比度，从而引起物体可见度降低和视觉不舒适的光环境条件。它对室内人员的生理和心理都有较大的危害，强烈的眩光会降低可见度，引起眼睛的不舒适感和视觉疲劳。眩光可以分为直接眩光、间接眩光、反射眩光；根据眩光的强度，又可分为失明眩光、失能眩光、不舒适眩光。在建筑室内的光环境评价中一般所指的眩光是指不舒适眩光，它会引起视觉上的不舒适，但并不影响视功能或可见度的眩光[58]。

国外学者在不舒适眩光方面进行了大量的实验和理论研究，建立了许多不舒适眩光评价的方程。如 Hopkinson 和 Petherbridge 在 1950 年建立的 BRS glare equation（BRS or BGI）[108]：

$$BGI = 10\log_{10}0.478\sum_{i=1}^{n}\frac{L_s^{1.6}\cdot\omega_s^{0.8}}{L_b\cdot P^{1.6}} \tag{6-3}$$

式中，L_s 为光源的亮度；L_b 为背景亮度；ω_s 为光源的立体角；n 为光源的数量；P 为 Guth 位置指标[109]。P 可由以下公式计算：

$$P = \left(\frac{P_{(10°,0°)}}{P_{(\beta,\theta)}}\right)^{1.6} \tag{6-4}$$

$$P_{(\beta,\theta)} = \exp\left[(35.2-0.31889\theta-1.22e^{-2\theta/9})10^{-3}\beta + (21+0.26667\theta-0.002963\theta^2)10^{-5}\beta^2\right] \tag{6-5}$$

其中角度 β，θ 如图 6-1 所示。

该评价公式仅适用于眩光源立体角小于 0.2sr 的情况[110]，无法对窗户等大面积眩光源进行计算。

此外，还有国际照明委员会 CIE glare index（CGI），该指标由 Einhorn 于 1969[111] 和 1979[112] 年提出，作为统一评价方法：

$$CGI = 8\log_{10}2\cdot\frac{1+\frac{E_d}{500}}{E_d + E_i}\cdot\sum_{i=1}^{n}\frac{L_s^2\omega_s}{P^2} \tag{6-6}$$

其中 E_d 和 E_i 是人眼睛高度处垂直面上的眩光源的直接照度和间接照度。

1992 年国际上推荐了一个统一眩光评价系统 UGR[113]：

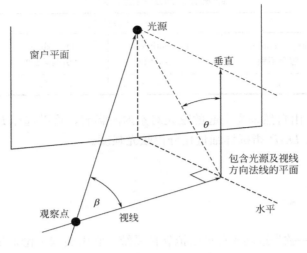

图 6-1　位置指标 P 的角度[109]

$$UGR = 8\log_{10}\frac{0.25}{L_b} \cdot \sum_{i=1}^{n}\frac{L_s^2\omega_s}{P^2} \tag{6-7}$$

该指标考虑了 Guth 的位置指标，并综合了 CGI 和 BGI 指标，但该指标也仅考虑了人工照明眩光。

此外，还有 Visual Comfort Probability（VCP）[114]、Predicted glare sensation vote（$PGSV$）[115] 等评价指标，但这些指标都只能分析人工照明产生的眩光，无法对由天然采光引起的眩光进行准确分析。

Hopkinson 在 BGI 指标的基础上于 1972 年提出了 Daylight Glare Index（DGI）指标[116]，该指标考虑了大面积眩光源，因而能对自然采光产生的窗户眩光问题进行较为准确的计算。

$$DGI = 10\log_{10}0.478\sum_{i=1}^{n}\frac{L_s^{1.6} \cdot \Omega_s^{0.8}}{L_b + 0.07\omega_s^{0.5}L_s} \tag{6-8}$$

Ω_s 为考虑位置修正后窗的立体角，其他字母含义同上。当该指标大于 22 时，一般认为可能会产生眩光，数值越大眩光越强烈。

最近，Jan Wienold 提出了一个新的评价指标 daylight glare probability（DGP）[64]，该指标采用人眼睛处的照度值代替背景亮度，考虑了人眼对光的自适应调节功能。相比 DGI 指标，该指标对眩光的计算与人员的主观眩光评价更为接近。

$$DGP = c_1 \cdot E_v + c_2 \cdot \log\left(1 + \sum_i \frac{L_{s,i}^2 \cdot \omega_{s,i}}{E_v^{c_4} \cdot P_i^2}\right) + c_3 \tag{6-9}$$

式中 E_v 为人眼睛处垂直面上的照度；c_1、c_2、c_3、c_4 为拟合系数，根据作者对大量实验的回归分析，其系数可取为 5.85×10^{-5}、9.18×10^{-2}、0.16、1.87。根据上述公式，可计算出 DGP 指标的大小，Jan Wienold 通过大量的实验测试和主观感受调研得出 DGP 与眩光强度感受的对应关系（见表 6-1）。

眩光指标 *DGP* 强度分类[64] 表 6-1

类别	眩光强度			
	Imperceptible（感受不到）	Perceptible（可感受到）	Disturbing（引起烦恼）	Intolerable（无法忍受）
DGP	<0.35	0.35～0.4	0.4～0.45	＞0.45

因此，为了分析由自然采光引起的眩光对室内的影响，这里选择 *DGI* 指标和 *DGP* 指标进行计算，并通过 *DGP* 指标详细量化分析眩光强度。

6.2 分析工具

（1）Radiance

Radiance[117] 是一款先进的光环境模拟软件系统，它由美国劳伦斯伯克利国家实验室以及瑞士洛桑生态技术联邦局共同开发。它可对人工照明和天然采光条件下的光环境进行精确模拟，其核心算法采用了随机的蒙特卡洛采样和反向的光线追踪算法，确保了计算的高精度[118]。目前，Radiance 共有两个版本，一个是美国伯克利国家实验室开发的基于 UNIX 图形工作站的免费软件，另一个是瑞士洛桑生态技术联邦局开发的基于 MS-DOS 工作环境的 ADELINE（Advanced Day lighting and Electric lighting Integrated New Environment）。此外，美国劳伦斯伯克利国家实验室联合加州能源效率研究中心等公司又共同开发了 Windows 操作系统下的 Radiance-Desktop Radiance，将 Radiance 作为一种插件应用在 AutoCAD 平台上工作。利用 Radiance 可进行全年任意时刻的室内光环境分布的模拟分析，是国际上公认的能较准确模拟天然采光的软件之一[119]，许多研究都使用 Radiance 作为天然采光方面的分析工具[120]。因此，本书采用 Desktop Radiance 研究活动遮阳对室内光环境的影响。

（2）Evalglare

为了计算眩光指标 *DGP* 值，这里采用了 Evalglare 工具。Evalglare 是一款基于 Radiance 等高动态对比度图片格式（文件后缀名为 hdr 或者 pic）的眩光分析工具[64]，这里所说的高动态对比度通常由不同曝光度的照片合成或者由 Radiance 软件模拟直接生成，因为高动态对比度照片包含了照片场景内明暗不同位置处照度等光环境指标的真实信息，因此利用 Evalglare 准确估计室内工作环境的眩光指标 *DGP*。Evalglare 通过分析整个图片场景内每一像素点的光强与给定限值或指定工作区域的光强比较，从而确定眩光源。本书中将室内人员工作时所对电脑屏幕作为舒适亮度区域，当周围环境亮度超过电脑屏幕区域亮度 10 倍[63] 时，认为会产生眩光，Evalglare 会给眩光区域标注不同颜色，不同颜色不代表眩光强度差别，仅用于区分不同眩光源。

6.3 光环境分析方法

6.3.1 参数设置

（1）天空参数

太阳直射光在透射地球表面大气层时，受大气中大气分子、水汽和固体悬浮颗粒的散

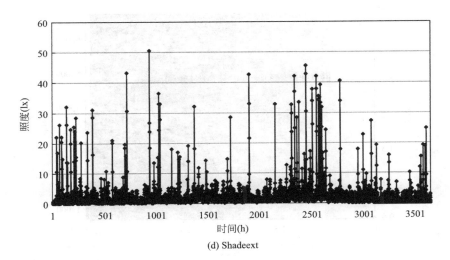

(d) Shadeext

图 6-4　西向窗户房间自然采光水平照度逐时统计（二）

西向窗户房间自然采光水平照度分段统计　　　　　　表 6-4

类别	照度范围(lx)	CL	Low-E	Shadeint	Shadeext
小时数	<300	90	93	253	281
	300～2000	813	976	1942	2024
	>2000	2747	2581	1455	1345
百分比	<300	2.47%	2.55%	6.93%	7.70%
	300～2000	22.27%	26.74%	53.21%	55.45%
	>2000	75.26%	70.71%	39.86%	36.85%

时和分段统计。对比东向照度分布特点，西向的情况与之非常相似，适宜照度最多的是活动外遮阳（2024h，占全年工作时间的 55.45%），其次是活动内遮阳（1942h，占 53.21%）、Low-E（976h，占 26.74%）和普通中空玻璃窗（813h，占 22.27%），活动外遮阳的适宜照度时间也约是 Low-E 和普通中空玻璃窗的两倍。此外，大于 2000lx 和小于 300lx 的情况，也与东向相似。总体上西向窗户活动内外遮阳也要好于其他二者。

根据上面三个朝向的统计，可以看出，活动遮阳在控制室内工作面 *UDI* 指标方面具有显著的优势，比 Low-E 和普通中空玻璃窗要好 2～3 倍。这是由于活动遮阳可以通过控制遮阳位置的高低，以及开启遮阳的数量，比如在太阳直射辐射较强时，通过调低工作平面侧的遮阳位置，使照度降到适合的范围，从而实现最优的照度控制目标（如图 6-5 所示）。

6.4.2　照度波动

（1）东向

图 6-6、图 6-7 分别给出了东向窗户房间四种措施的室内工作面自然采光水平照度日

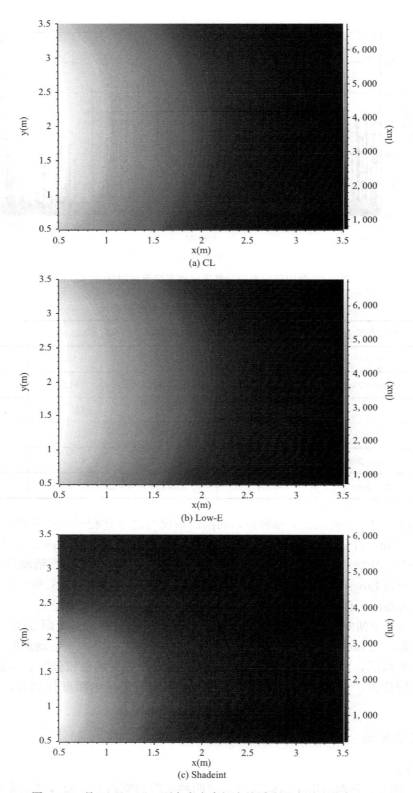

图 6-5　6 月 28 日 15：00 西向窗户房间自然采光照度平面分布（一）

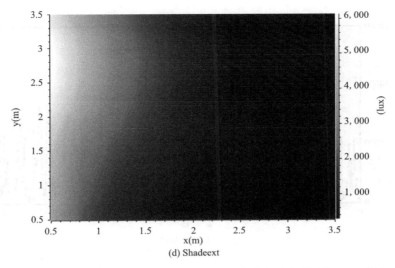

(d) Shadeext

图 6-5　6 月 28 日 15：00 西向窗户房间自然采光照度平面分布（二）

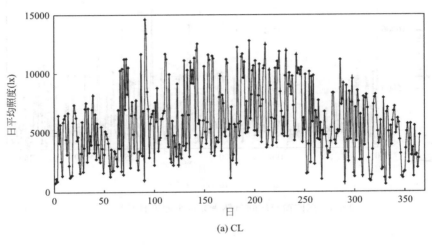

(a) CL

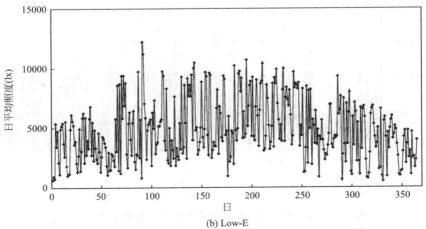

(b) Low-E

图 6-6　东向窗户房间自然采光水平照度日平均值（一）

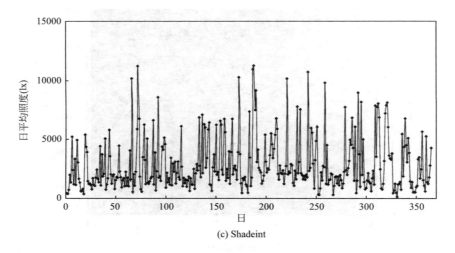

(c) Shadeint

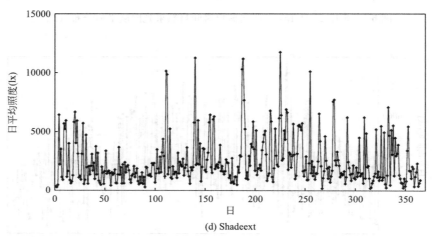

(d) Shadeext

图 6-6　东向窗户房间自然采光水平照度日平均值（二）

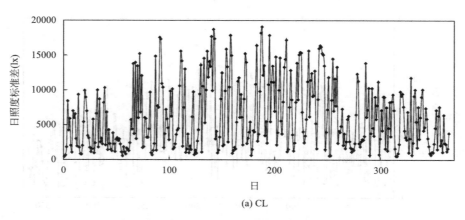

(a) CL

图 6-7　东向窗户房间自然采光水平照度日波动标准差（一）

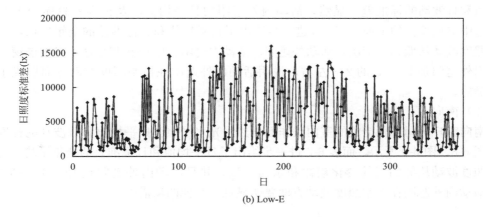

(b) Low-E

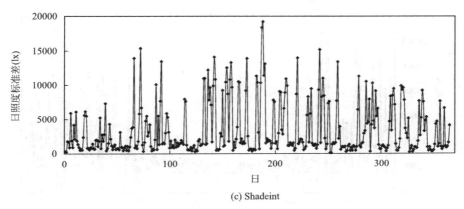

(c) Shadeint

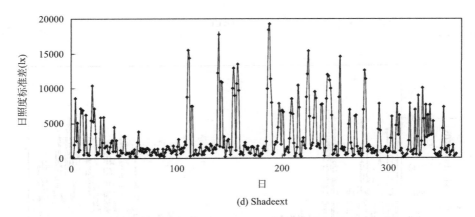

(d) Shadeext

图 6-7　东向窗户房间自然采光水平照度日波动标准差（二）

东向窗户房间自然采光水平照度日平均值和日标准差的全年平均（单位：lx）　　表 6-5

类别	CL	Low-E	Shadeint	Shadeext
平均值	5742.69	4805.82	2863.19	2503.51
标准差	6236.61	5217.85	3434.30	2925.65

平均值和日波动的标准差。显然，活动内外遮阳的日平均值以及标准差总体处于 Low-E 和普通中空玻璃窗的下面。表 6-5 进一步给出了日平均值和日标准差的全年平均，可以看出，照度波动从低到高依次是活动外遮阳、活动内遮阳、Low-E 和普通中空玻璃窗，并且活动内外遮阳是 Low-E 的 2/3 左右，说明活动内外遮阳在控制照度波动方面要优于其他两项措施。

（2）南向

南向窗户房间四种措施的室内工作面自然采光水平照度日平均值和日波动的标准差分别如图 6-8、图 6-9 所示。而表 6-6 进一步给出了日平均值和日标准差的全年平均，可以看出，照度波动从低到高的变化规律和东向一致，并且活动内外遮阳是 Low-E 一半左右，说明活动内外遮阳在控制照度波动方面要明显优于其他两项措施。

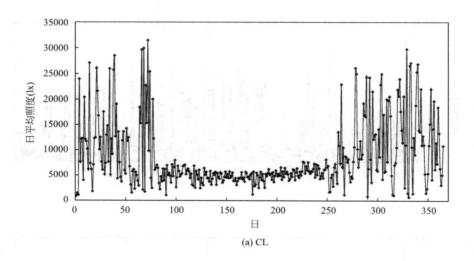

(a) CL

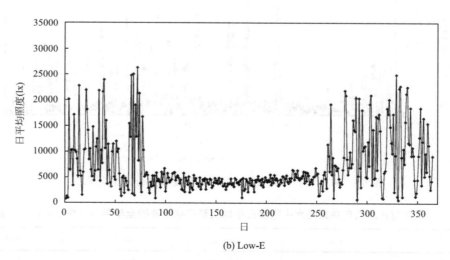

(b) Low-E

图 6-8　南向窗户房间自然采光水平照度日平均值（一）

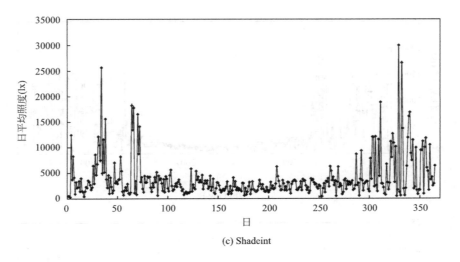

(c) Shadeint

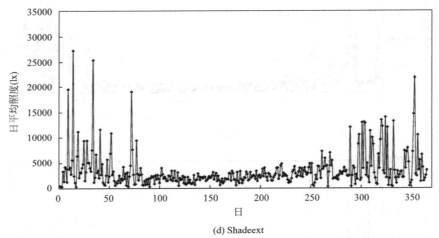

(d) Shadeext

图 6-8 南向窗户房间自然采光水平照度日平均值（二）

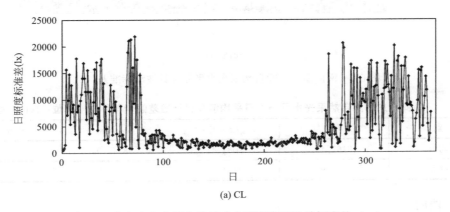

(a) CL

图 6-9 南向窗户房间自然采光水平照度日波动标准差（一）

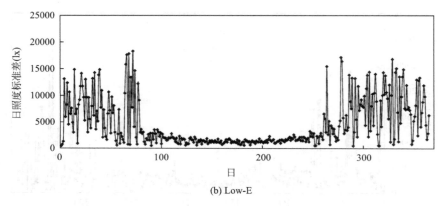

(b) Low-E

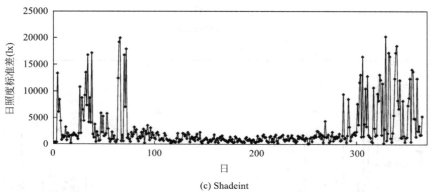

(c) Shadeint

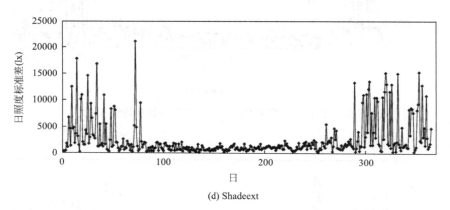

(d) Shadeext

图 6-9 南向窗户房间自然采光水平照度日波动标准差（二）

南向窗户房间自然采光水平照度日平均值和日标准差的全年平均（单位：lx）   表 6-6

类别	CL	Low-E	Shadeint	Shadeext
平均值	8461.48	7081.41	3814.79	3358.12
标准差	5341.93	4471.99	2822.48	2524.83

（3）西向

图 6-10、图 6-11 分别给出了西向窗户房间四种措施的室内工作面自然采光水平照度日平均值和日波动的标准差。表 6-7 进一步给出了日平均值和日标准差的全年平均，可

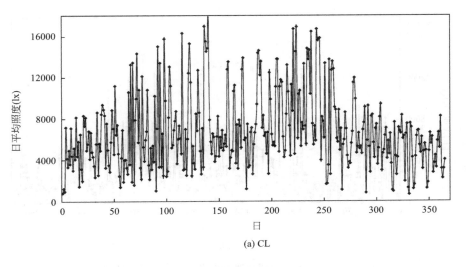

(a) CL

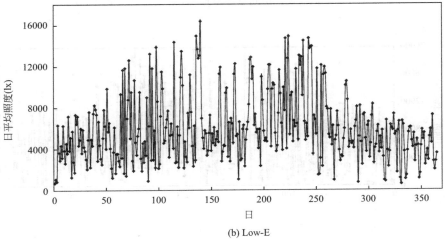

(b) Low-E

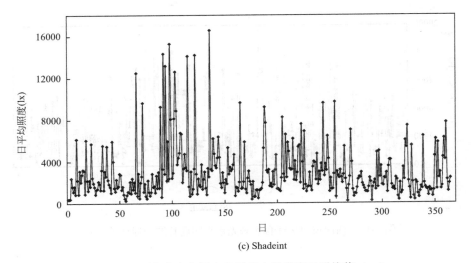

(c) Shadeint

图 6-10　西向窗户房间自然采光水平照度日平均值（一）

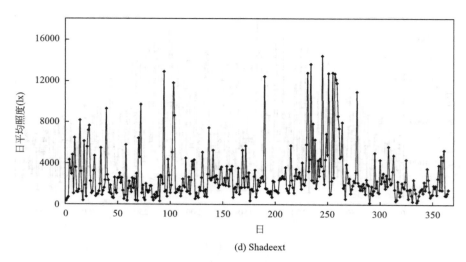

(d) Shadeext

图 6-10　西向窗户房间自然采光水平照度日平均值（二）

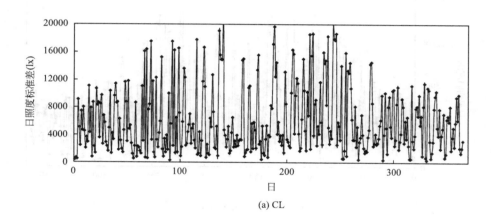

(a) CL

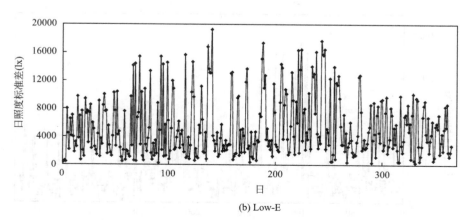

(b) Low-E

图 6-11　西向窗户房间自然采光水平照度日波动标准差（一）

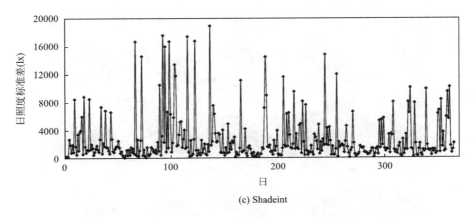

(c) Shadeint

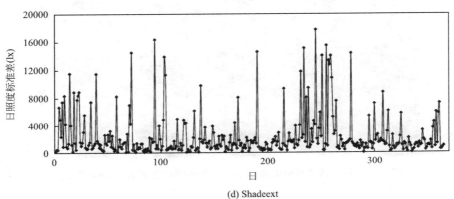

(d) Shadeext

图 6-11 西向窗户房间自然采光水平照度日波动标准差（二）

西向窗户房间自然采光水平照度日平均值和日标准差的全年平均（单位：lx）　　表 6-7

类别	CL	Low-E	Shadeint	Shadeext
平均值	6758.73	5955.12	2923.18	2670.75
标准差	6088.04	5363.71	2631.08	2360.85

见，照度波动从低到高和东向、南向一致，并且活动内外遮阳是 Low-E 的一半还不到，说明活动内外遮阳在控制照度波动方面也要明显优于其他两项措施，并且要略优于东向和南向。

6.4.3 亮度

由于不同季节情况较为相似，这里主要以西向夏季为典型，以亮度分析图展示和比较不同遮阳情况下的室内光环境。夏季西向窗户 16∶00 活动外遮阳不同状态 Radiance 渲染图如图 6-12 所示，其亮度分析图如图 6-15 所示。由于活动内遮阳与活动外遮阳渲染效果相似，这里不再重复给出。CL 及 Low-E 的亮度分析图见图 6-13 和图 6-14。根据原数字图中的颜色比较，可以看出在活动遮阳下拉一半时即能较好地控制室内亮度，比 CL 和 Low-E 效果要好。

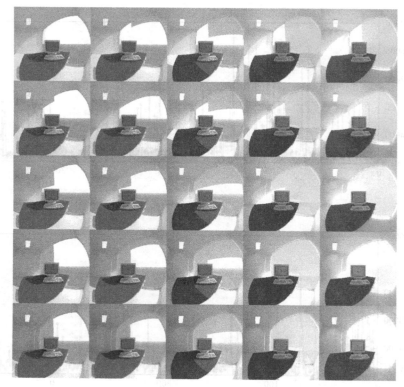

图 6-12　西向活动外遮阳夏季 16：00 各遮阳状态下 Radiance 模型图

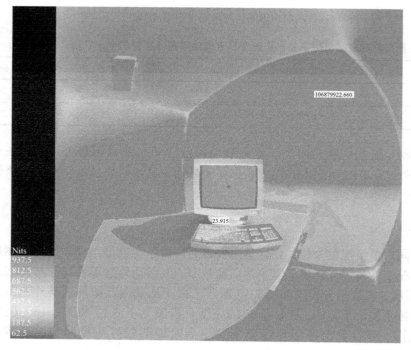

图 6-13　西向 CL 窗夏季 16：00 亮度分析图

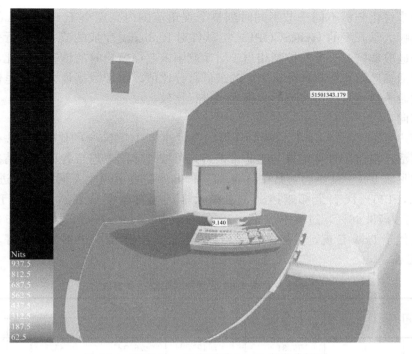

图 6-14　西向 Low-E 窗夏季 16∶00 亮度分析图

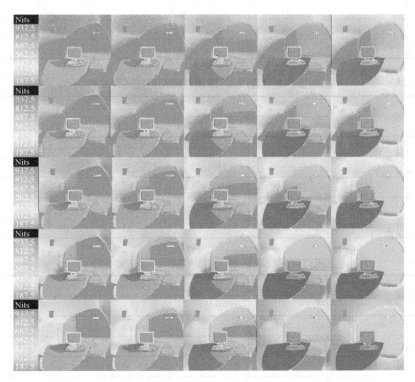

图 6-15　西向活动外遮阳夏季 16∶00 各遮阳状态下亮度分析图

为进一步量化分析不同季节不同时刻整个视角范围内亮度小于 1000Nits 的情况，利用美国华盛顿大学开发的 HDRSCOPE[124] 软件对 Radiance 生成的渲染图进行亮度统计分析，由于普通玻璃窗对亮度的控制相当于活动遮阳未遮挡窗户时的情况，因此，其亮度控制能力参考活动遮阳亮度统计分析表中的最低百分比值。由于数据量大，这里仅以各朝向冬、夏和过渡季典型日典型时刻的分析为例进行比较。

（1）东向

东向窗户夏季 9:00 Low-E 窗视野环境内亮度小于 1000Nits 的比例为 73.66%，而活动外遮阳（活动内遮阳计算结果与之非常接近，可按外遮阳考虑）各种组合情况下的亮度控制百分比见表 6-8~表 6-10，其中 Shade1 和 Shade2 表示两个不同的遮阳进行组合，0代表未遮挡，100% 代表全部遮挡。表中单元格灰色背景部分表示其值优于 Low-E 窗（Low-E 夏季为 73.66%，过渡季为 72.39%，冬季为 85.09%）。可见夏季 4/5 的活动遮阳组合情况都优于 Low-E 窗，过渡季情况与夏季相似，冬季情况虽不如夏季好，但总体也好于 Low-E 窗。

东向窗户夏季 9:00 活动外遮阳舒适亮度统计　　　　　　表 6-8

遮阳状态		Shade1				
		0	25%	50%	75%	100%
Shade2	0	59.31%	67.49%	76.02%	85.50%	90.77%
	25%	66.65%	72.97%	80.67%	90.04%	94.83%
	50%	70.57%	76.60%	83.96%	93.53%	97.95%
	75%	73.73%	78.52%	85.49%	95.09%	99.30%
	100%	74.12%	78.87%	85.35%	95.42%	99.42%

东向窗户过渡季 9:00 活动外遮阳舒适亮度统计　　　　　　表 6-9

遮阳状态		Shade1				
		0	25%	50%	75%	100%
Shade2	0	56.18%	67.68%	75.96%	84.46%	91.12%
	25%	66.77%	74.12%	81.56%	89.70%	95.77%
	50%	70.38%	77.78%	83.92%	92.51%	98.48%
	75%	73.53%	79.24%	86.15%	93.78%	99.43%
	100%	73.88%	79.70%	86.44%	93.80%	99.43%

东向窗户冬季 9:00 活动外遮阳舒适亮度统计　　　　　　表 6-10

遮阳状态		Shade1				
		0	25%	50%	75%	100%
Shade2	0	72.02%	78.45%	85.08%	90.43%	95.76%
	25%	73.79%	79.08%	86.21%	91.85%	97.12%
	50%	75.74%	81.63%	88.36%	94.29%	98.95%
	75%	76.16%	88.54%	89.26%	95.00%	99.44%
	100%	76.16%	82.19%	88.91%	94.91%	99.44%

（2）南向

南向窗户选取了中午 12:00 的亮度统计结果，通过表 6-11～表 6-13 可见，夏季和过渡季约 2/3 的遮阳组合优于 Low-E 窗（其夏季为 98.34%，过渡季为 86.26%，冬季为 73.16%），而冬季情况更优，有 4/5 的组合情况都优于 Low-E 窗。

南向窗户夏季 12:00 活动外遮阳舒适亮度统计　　　　表 6-11

遮阳状态		Shade1				
		0	25%	50%	75%	100%
Shade2	0	92.41%	93.14%	93.14%	93.18%	93.14%
	25%	96.17%	96.83%	96.86%	96.87%	96.86%
	50%	97.96%	98.60%	98.63%	98.66%	98.63%
	75%	98.81%	99.44%	99.44%	99.45%	99.45%
	100%	98.80%	99.44%	99.46%	99.46%	99.46%

南向窗户过渡季 12:00 活动外遮阳舒适亮度统计　　　　表 6-12

遮阳状态		Shade1				
		0	25%	50%	75%	100%
Shade2	0	73.63%	75.14%	77.19%	77.71%	78.03%
	25%	79.61%	81.23%	83.24%	83.63%	83.79%
	50%	88.39%	89.85%	91.73%	92.17%	92.15%
	75%	94.83%	96.36%	98.15%	98.60%	98.60%
	100%	95.75%	97.19%	99.02%	99.45%	99.45%

南向窗户冬季 12:00 活动外遮阳舒适亮度统计　　　　表 6-13

遮阳状态		Shade1				
		0	25%	50%	75%	100%
Shade2	0	54.32%	63.56%	70.59%	73.91%	74.68%
	25%	64.64%	70.40%	75.83%	77.81%	78.33%
	50%	73.77%	78.23%	83.21%	85.02%	85.40%
	75%	81.94%	86.85%	90.61%	92.20%	92.56%
	100%	89.93%	93.82%	98.00%	99.33%	99.44%

（3）西向

西向窗户选取了 15:00 的分析结果，通过表 6-14～表 6-16 可见，各季节活动遮阳的组合情况都优于 Low-E 窗（其夏季为 74.55%，过渡季为 72.39%，冬季为 83.9%），特别是冬季，4/5 以上遮阳组合都好于 Low-E 窗。

西向窗户夏季 15:00 活动外遮阳舒适亮度统计　　表 6-14

遮阳状态		Shade1				
		0	25%	50%	75%	100%
Shade2	0	61.37%	68.29%	77.52%	87.29%	91.88%
	25%	67.15%	72.78%	80.07%	91.10%	95.25%
	50%	71.63%	76.40%	83.38%	94.25%	98.16%
	75%	73.90%	77.97%	84.97%	95.70%	99.36%
	100%	74.27%	78.30%	85.22%	95.92%	99.45%

西向窗户过渡季 15:00 活动外遮阳舒适亮度统计　　表 6-15

遮阳状态		Shade1				
		0	25%	50%	75%	100%
Shade2	0	59.13%	67.49%	75.73%	85.02%	91.17%
	25%	67.04%	73.92%	81.15%	90.02%	95.94%
	50%	71.01%	77.41%	84.20%	92.77%	98.51%
	75%	73.16%	78.87%	85.52%	94.01%	99.45%
	100%	73.71%	79.09%	85.62%	94.09%	99.45%

西向窗户冬季 15:00 活动外遮阳舒适亮度统计　　表 6-16

遮阳状态		Shade1				
		0	25%	50%	75%	100%
Shade2	0	72.25%	78.34%	85.03%	90.11%	95.90%
	25%	73.86%	79.86%	86.36%	91.49%	97.20%
	50%	75.87%	81.69%	88.15%	93.43%	98.99%
	75%	76.47%	82.23%	88.65%	94.05%	99.45%
	100%	76.51%	82.25%	88.67%	94.30%	99.45%

6.4.4　DGI

（1）东向

图 6-16 分别给出了东向窗户房间四种措施的全年 8760h DGI 指标分布，其中横坐标为月份，纵坐标为一天中的时间。在原数字图中白色部分代表 DGI 为 0（因为在夜间无太阳辐射，因此这段时间内 DGI 值为 0），从蓝色到红色，代表 DGI 值逐步升高。可以看出，Low-E 和普通中空玻璃窗在上午时间段 DGI 指标非常高，超过了 40，而 11:00 左右开始，DGI 明显下降，这是由于太阳直射辐射在 11:00 前对东向窗户室内眩光影响很大。

而活动内外遮阳在上午的 DGI 值则相对小得多，这说明其对不舒适眩光有较为明显的缓解作用，特别是在太阳光直射进室内的时候；但在中午和下午部分时间活动内外遮阳的 DGI 值要略微比 Low-E 和普通中空玻璃窗高，这可能是由于窗帘遮挡部分和未遮挡部

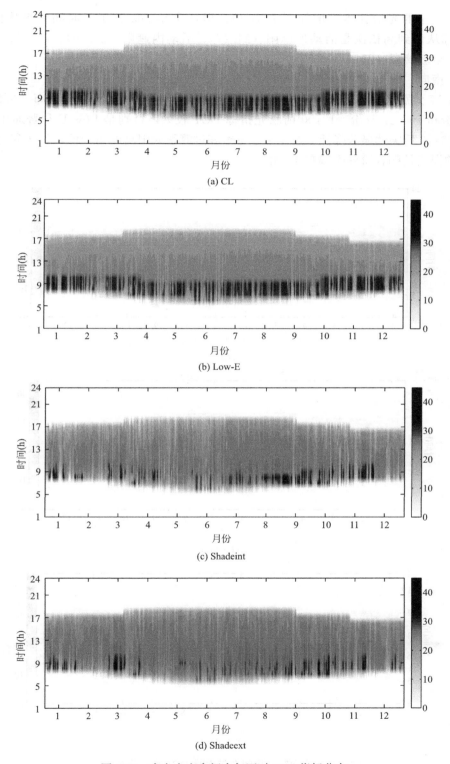

图 6-16 东向窗户房间全年逐时 *DGI* 指标分布

分产生了一定的光对比度，增加了 *DGI* 值。但从全年 3650h 工作时间的平均值来说，*DGI* 指标从低到高依次是活动外遮阳（24.27）、活动内遮阳（24.89）、Low-E（25.12）和普通中空玻璃窗（25.37）。

（2）南向

图 6-17 分别给出了南向窗户房间四种措施的全年 8760h *DGI* 指标分布。可以看出，1—3 月份和 10—12 月份，13:00 前眩光指标 *DGI* 较大，特别是 Low-E 和普通中空玻璃窗，而 13:00 后突然显著降低，这是由于冬季和过渡季太阳高度角较低，且研究时考虑室内人员的视线是朝着窗外南偏东 45°角。

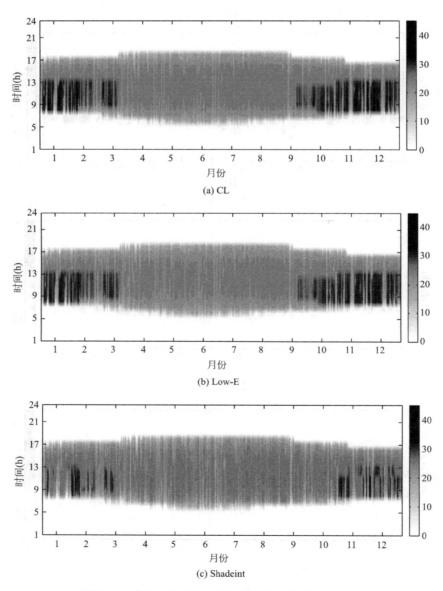

(a) CL

(b) Low-E

(c) Shadeint

图 6-17 南向窗户房间全年逐时 *DGI* 指标分布（一）

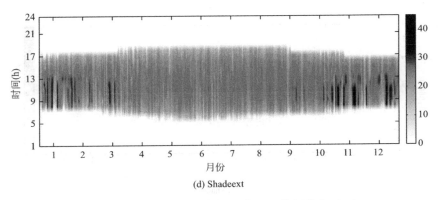

(d) Shadeext

图 6-17　南向窗户房间全年逐时 *DGI* 指标分布（二）

从全年 3650h 工作时间平均来说，*DGI* 指标从低到高依次是 Low-E（25.25）、活动外遮阳（25.47）、活动内遮阳（25.61）和普通中空玻璃窗（25.84），但四者差不多。

（3）西向

图 6-18 分别给出了西向窗户房间四种措施的全年 8760h *DGI* 指标分布。可见，西向窗户房间的眩光 *DGI* 指标总体上要高于东向和南向。在 13:00 后，*DGI* 指标有一个明显的上升，特别是 Low-E 和普通中空玻璃窗，最高甚至达到了 45，其中夏季由于太阳高度角高，*DGI* 略微比冬季和过渡季低。

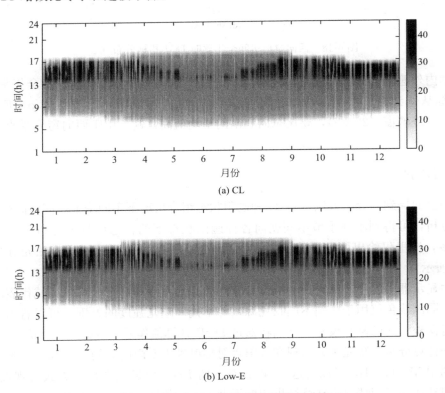

(a) CL

(b) Low-E

图 6-18　西向窗户房间全年逐时 *DGI* 指标分布（一）

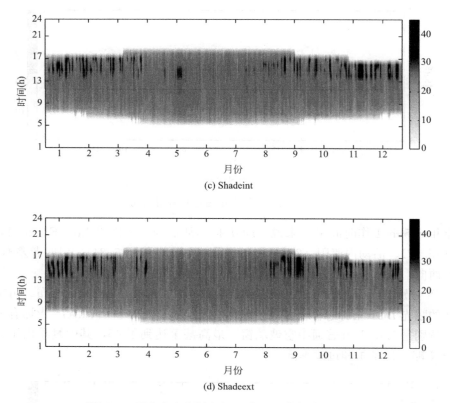

(c) Shadeint

(d) Shadeext

图 6-18 西向窗户房间全年逐时 DGI 指标分布（二）

活动内外遮阳的 DGI 值总体上要低于 Low-E 和普通中空玻璃窗，从全年平均来说，DGI 指标从低到高依次是活动外遮阳（27.79）、活动内遮阳（28.03）、Low-E（28.58）和普通中空玻璃窗（29.29），要比东向和南向平均值高，这是由于西向窗户受直射辐射影响大。

6.4.5 DGP

按照上面提到的分析方法，将 25 种遮阳状态组合情况下不同季节不同时间的 DGP 眩光进行分析，可得到不同季节不同朝向各种遮阳状态下的自适应眩光分析图，由于图形数量较多，这里仅给出西向夏季 16：00 活动外遮阳不同状态下的自适应眩光分析图（如图 6-19 所示）。

图中显示器中的中心圆点代表视觉工作的中心，周围窗户部分深色区域代表眩光源的位置，不同深浅色仅用于区别不同眩光源，并不代表眩光强度的差别。可以看出，遮阳下拉一半时窗外眩光已基本没有，下面将通过 DGP 计算值作进一步的深入分析。

根据计算分析，眩光主要出现在太阳直射辐射进入室内的时间段，其他时刻基本没有眩光。利用 MATLAB，可以将这 25 种状态下的 DGP 值通过图形的方式直观展现出来，考虑到内外活动遮阳情况下计算结果相差不大，同时数据量较多，下面将只给出活动外遮阳 DGP 值超过 0.35（也就是眩光可以感受到）的情况。

图 6-19　西向活动外遮阳夏季 16:00 各遮阳状态下自适应眩光分析图

（1）东向

图 6-20～图 6-22 分别给出了夏季、冬季和过渡季东向活动遮阳状态组合产生眩光的时间和 DGP 强度。其中，横坐标和纵坐标分别是一侧遮阳状态的变化情况，在原数字图中蓝色到红色代表 DGP 值增加。可见，夏季和过渡季各有 3h 可能会产生眩光，而冬季则有 4h，并且冬季和过渡季眩光的强度要大于夏季，最高可达 0.95 以上，超过了眩光无法忍受的范围。从眩光强度的分布来看，DGP 超过 0.35 的情况主要出现在一侧遮阳状态小于 50% 时，也就是说通过控制一侧遮阳的位置即可有效阻止眩光的产生，而另一侧遮阳状态基本可以不受影响，可以减少遮阳调节的次数。

根据上述眩光 DGP 值，依照 6.3.2 中的分析方法，即可计算得到全年眩光的统计分布。图 6-23 给出了东向窗户房间四种措施的全年工作时间 3650h DGP 指标分布，其中横坐标为眩光强度的四个等级，纵坐标为各等级的占比。可以看出，无眩光感受的时间比例从高到低依次是活动外遮阳（81.23%）、活动内遮阳（81.12%）、Low-E（77.53%）和普通中空玻璃窗（63.34%），也就是说活动遮阳比 Low-E 高约 3.6%，比普通中空玻璃窗高约 17.8%。对于无法容忍眩光的时间比，活动遮阳大约是 Low-E 的一半、普通中空玻璃窗的近 1/3。而感受得到和有干扰眩光的时间，活动遮阳要略高于 Low-E 和普通中空玻璃窗。这与之前 DGI 分析的结论基本一致，说明活动遮阳在控制眩光方面要明显优于其他两项措施，特别是在控制强眩光方面。

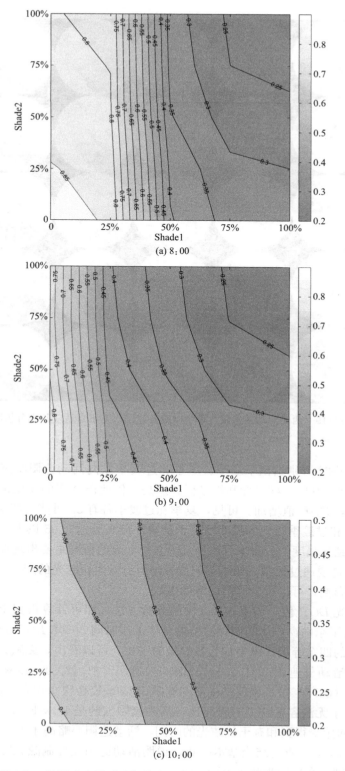

图 6-20　夏季东向活动遮阳状态组合产生眩光的时间和 DGP 强度

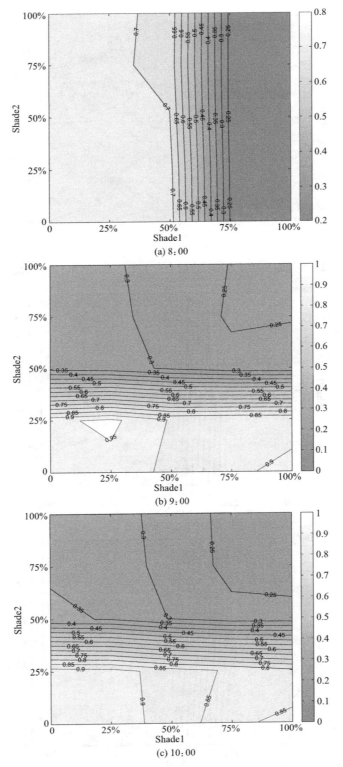

图 6-21 冬季东向活动遮阳状态组合产生眩光的时间和 *DGP* 强度（一）

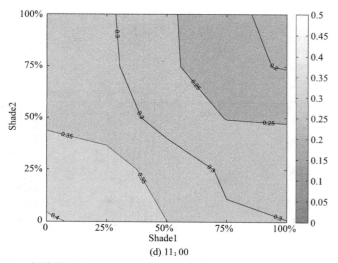

(d) 11：00

图 6-21　冬季东向活动遮阳状态组合产生眩光的时间和 *DGP* 强度（二）

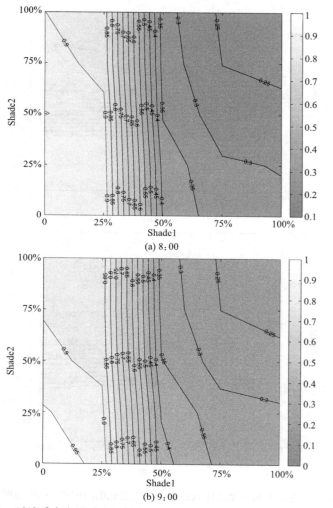

(a) 8：00

(b) 9：00

图 6-22　过渡季东向活动遮阳状态组合产生眩光的时间和 *DGP* 强度（一）

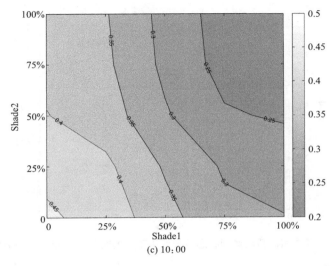

(c) 10:00

图 6-22　过渡季东向活动遮阳状态组合产生眩光的时间和 *DGP* 强度（二）

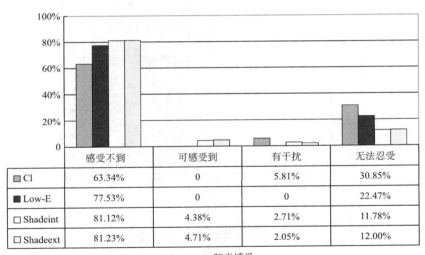

	感受不到	可感受到	有干扰	无法忍受
■ Cl	63.34%	0	5.81%	30.85%
■ Low-E	77.53%	0	0	22.47%
□ Shadeint	81.12%	4.38%	2.71%	11.78%
□ Shadeext	81.23%	4.71%	2.05%	12.00%

眩光感受

图 6-23　东向窗户房间全年工作时间 *DGP* 指标分布

（2）南向

图 6-24～图 6-26 分别给出了夏季、冬季和过渡季南向活动遮阳状态组合产生眩光的时间和 *DGP* 强度。与东向相比，南向的情况差别较大。其中，因为太阳高度角高，夏季眩光只出现在上午 9：00，并且强度很弱，仅能刚刚感受到眩光；而冬季则由于太阳高度角低，*DGP* 出现的时间有 8h（8：00—15：00 都有可能感受到眩光），并且强度都比较大，部分时间甚至达到了 1，远高于无法忍受的程度。而过渡季则有 5h，强度也较弱（都未超过 0.45）。从分布情况来看，与东向相似，除 12：00 外（太阳直射南窗），其他时间基本上都能通过控制单边遮阳达到 50% 以上，将眩光基本消除。

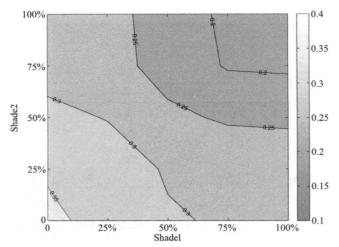

图 6-24　夏季南向活动遮阳状态组合产生眩光的时间（9：00）和 DGP 强度

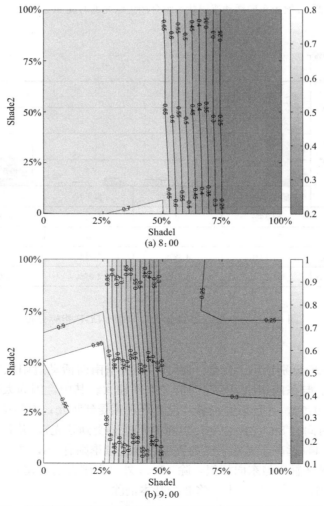

图 6-25　冬季南向活动遮阳状态组合产生眩光的时间和 DGP 强度（一）

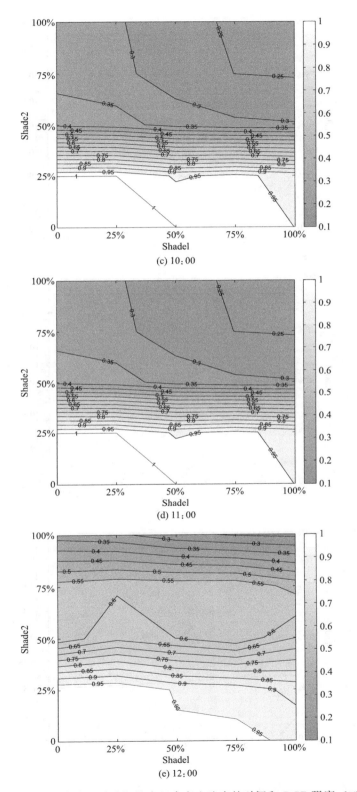

图 6-25　冬季南向活动遮阳状态组合产生眩光的时间和 *DGP* 强度（二）

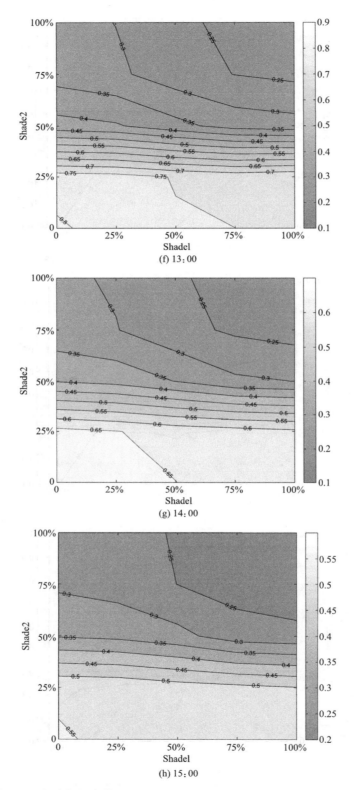

图 6-25　冬季南向活动遮阳状态组合产生眩光的时间和 *DGP* 强度（三）

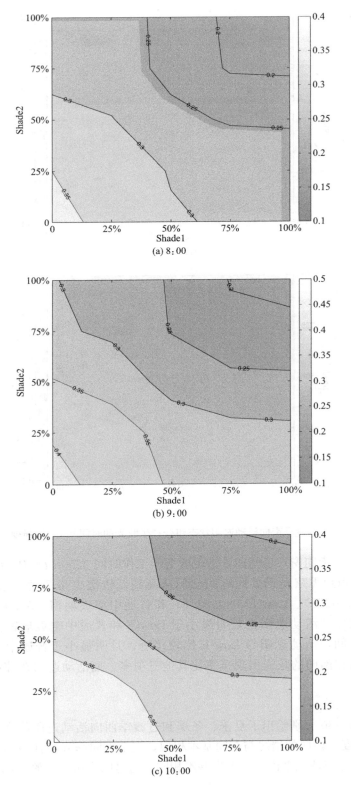

图 6-26　过渡季南向活动遮阳状态组合产生眩光的时间和 DGP 强度（一）

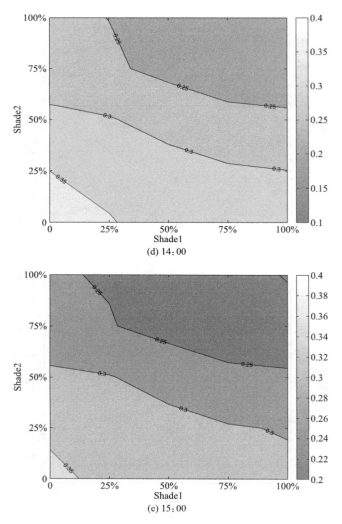

(d) 14：00

(e) 15：00

图 6-26　过渡季南向活动遮阳状态组合产生眩光的时间和 *DGP* 强度（二）

图 6-27 给出了南向窗户房间四种措施的全年工作时间 3650h *DGP* 指标分布。与东向情况相似，南向窗户无眩光感受的时间比例从高到低依次也是活动外遮阳（88.82%）、活动内遮阳（84.63%）、Low-E（80.27%）和普通中空玻璃窗（55.97%）。对于无法容忍眩光的时间比，活动遮阳也是明显小于 Low-E 和普通中空玻璃窗。而感受得到和有干扰眩光的时间，活动遮阳与 Low-E 比较接近，且明显小于普通中空玻璃窗，说明普通中空玻璃窗在南向的眩光出现概率比其他三项多，而活动遮阳在控制眩光方面要优于 Low-E。

（3）西向

图 6-28～图 6-30 分别给出了夏季、冬季和过渡季西向活动遮阳状态组合产生眩光的时间和 *DGP* 强度。西向的情况与东向基本相似，三个不同季节都有 4h 的 *DGP* 强度超过 0.35。从强度和分布情况来说，两者也基本相同，这是因为东西两侧太阳高度角的变化规律基本相同。

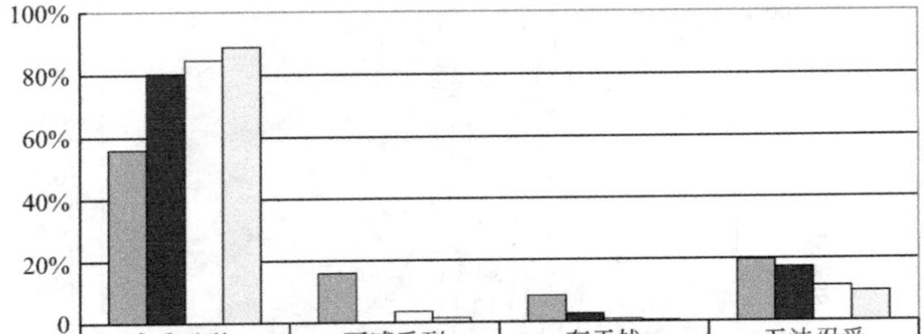

	感受不到	可感受到	有干扰	无法忍受
CL	55.97%	15.92%	8.38%	19.73%
Low-E	80.27%	0	2.47%	17.26%
Shadeint	84.63%	3.48%	0.74%	11.15%
Shadeext	88.82%	1.40%	0.30%	9.48%

眩光感受

图 6-27　南向窗户房间全年工作时间 *DGP* 指标分布

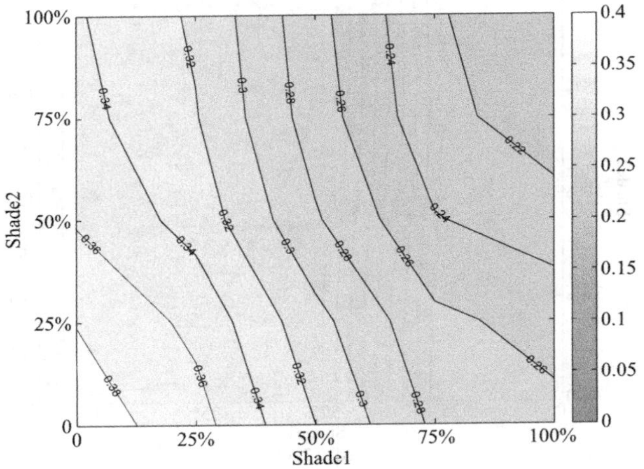

(a) 14：00

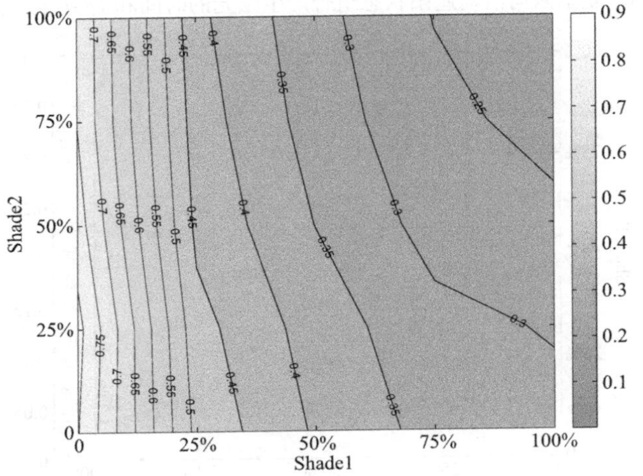

(b) 15：00

图 6-28　夏季西向活动遮阳状态组合产生眩光的时间和 *DGP* 强度（一）

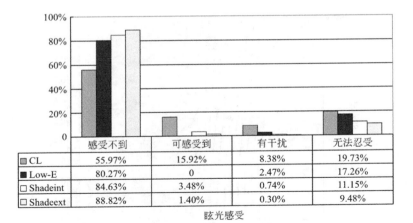

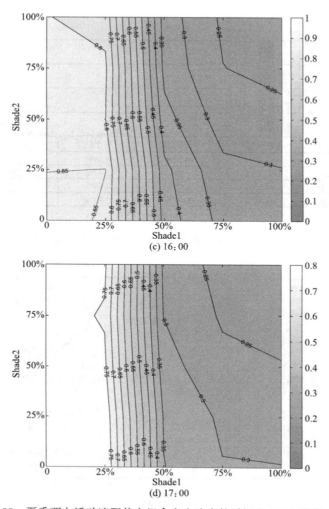

图 6-28　夏季西向活动遮阳状态组合产生眩光的时间和 *DGP* 强度（二）

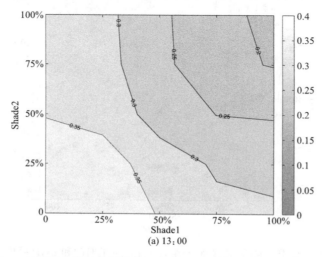

图 6-29　冬季西向活动遮阳状态组合产生眩光的时间和 *DGP* 强度（一）

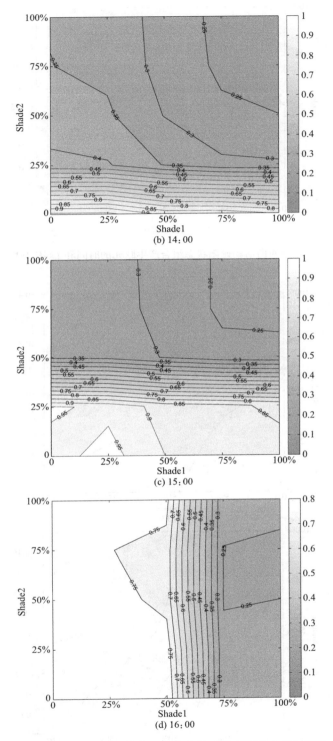

图 6-29　冬季西向活动遮阳状态组合产生眩光的时间和 DGP 强度（二）

建筑活动遮阳随机调节与室内光热环境

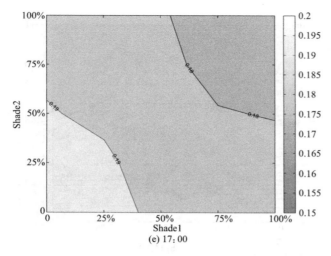

(e) 17：00

图 6-29　冬季西向活动遮阳状态组合产生眩光的时间和 *DGP* 强度（三）

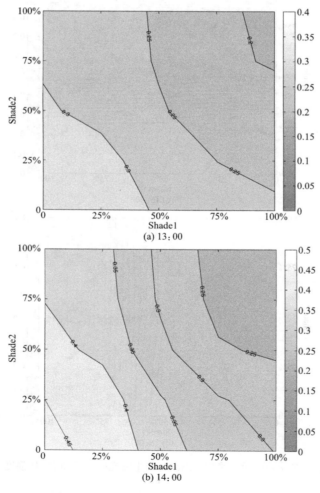

(a) 13：00

(b) 14：00

图 6-30　过渡季西向活动遮阳状态组合产生眩光的时间和 *DGP* 强度（一）

140

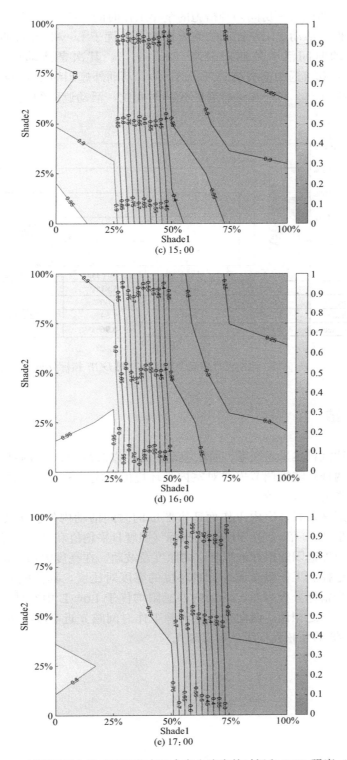

图 6-30　过渡季西向活动遮阳状态组合产生眩光的时间和 *DGP* 强度（二）

图 6-31 给出了西向窗户房间四种措施的全年工作时间 3650h *DGP* 指标分布。与之前 *DGI* 分析结果类似，活动遮阳在控制眩光方面要显著优于 Low-E 和普通中空玻璃窗，其中，无眩光感受的时间活动外遮阳最高（85.64%），其次是活动内遮阳（82.47%）、Low-E（65.81%）和普通中空玻璃窗（55.81%），活动外遮阳约比 Low-E 高 20%，比普通中空玻璃窗高约 30%。对于无法容忍眩光的时间比，活动遮阳约是 Low-E 和普通中空玻璃窗的 1/3。

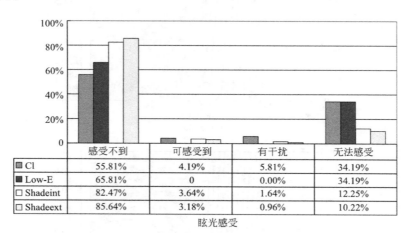

	感受不到	可感受到	有干扰	无法感受
■ Cl	55.81%	4.19%	5.81%	34.19%
■ Low-E	65.81%	0	0.00%	34.19%
□ Shadeint	82.47%	3.64%	1.64%	12.25%
□ Shadeext	85.64%	3.18%	0.96%	10.22%

眩光感受

图 6-31　西向窗户房间全年工作时间 *DGP* 指标分布

6.5　本章小结

本章采用了适宜自然采光照度、照度波动、亮度以及眩光指标 *DGI* 和 *DGP*，分析了活动遮阳（内外两种）随机调节模式对室内光环境的影响，并与常见的 Low-E 中空玻璃窗和普通中空玻璃窗进行比较。

从自然采光照度来看，室内工作面适宜照度的时间活动内外遮阳要明显优于 Low-E 中空玻璃窗（约是 2~3 倍），且照度波动指标（照度日平均值和日标准差）也具有很大的优势，说明活动内外遮阳能很好地控制室内照度及波动。在亮度方面，活动内外遮阳在有效遮阳时能较好地控制工作垂直面与背景环境的亮度对比度，其性能显著优于 Low-E 中空玻璃窗。从眩光指标分析来看，活动内外遮阳均优于 Low-E 中空玻璃窗，并且活动外遮阳效果更显著。与之相比，西向窗户能消除工作时间眩光近 20%，东向和南向约 4%，并且减少 1/2~2/3 的强眩光（无法容忍眩光）。

第7章　活动遮阳调节特性及调节有效性

通过上述章节的研究分析，表明手动调节的活动遮阳具有很大的随机不确定性，并对室内光热环境有较大的影响。为进一步研究活动遮阳调节特性，本章将对活动遮阳调节的变化特性及其调节行为的有效性进行深入分析，为深刻认识人的行为特性，改善调节行为的有效性奠定基础，促进建筑活动遮阳的合理调节。

7.1　活动遮阳调节特性

活动遮阳调节特性主要包括遮阳调节频率、调节时间、遮阳系数变化等参数，因此，下面将分别针对上述调节特性指标进行研究。由于东、南、西向分析方法相同，这里仅以西向为例进行具体讨论。

7.1.1　调节频率

为研究遮阳调节特性，分别进行了 30 次的活动遮阳调节特性的模拟分析，以观测不同随机模拟结果下的遮阳调节特性，并将计算结果统计分为夏季和冬季两个季节进行比较，如图 7-1、图 7-2 所示。从图中可以看出，不管哪次随机模拟结果，活动遮阳调节都不频繁，结果都非常相近，大约有 90% 的工作时间遮阳未发生调节，只有 10% 左右的时间遮阳发生了调节，从平均来看，夏季的调节频率略微高于冬季，但不是很明显。图 7-3 进一步给出了内外活动遮阳某一次计算得到的调节频率统计，可见，结果与上面的分析是一致的。

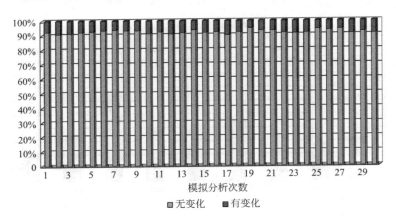

图 7-1　西向夏季遮阳调节频率

图 7-4 进一步给出了西向内外活动遮阳日调节次数（DCR）分布，从平均来看，一年中大约有 40% 的天数，遮阳调节一次都没有发生，而大约有 50% 的天数遮阳调节发生了一次，只有约 10% 的天数遮阳日调节发生了 2～3 次，这进一步反应人的遮阳调节较为不

频繁。

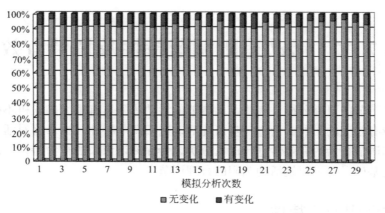

图 7-2　西向冬季遮阳调节频率

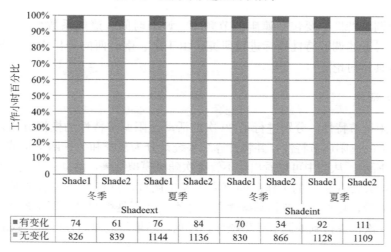

	Shade1	Shade2	Shade1	Shade2	Shade1	Shade2	Shade1	Shade2
	冬季		夏季		冬季		夏季	
	Shadeext				Shadeint			
有变化	74	61	76	84	70	34	92	111
无变化	826	839	1144	1136	830	866	1128	1109

图 7-3　西向内外活动遮阳调节频率

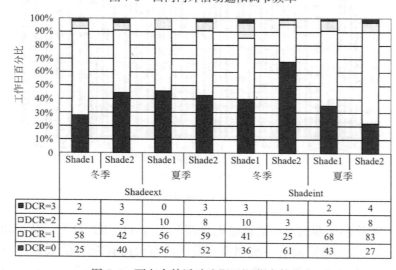

	Shade1	Shade2	Shade1	Shade2	Shade1	Shade2	Shade1	Shade2
	冬季		夏季		冬季		夏季	
	Shadeext				Shadeint			
DCR=3	2	3	0	3	3	1	2	4
DCR=2	5	5	10	8	10	3	9	8
DCR=1	58	42	56	59	41	25	68	83
DCR=0	25	40	56	52	36	61	43	27

图 7-4　西向内外活动遮阳日调节次数分布

7.1.2　调节时间

图 7-5 给出了西向活动遮阳调节发生的时间分布，可见，遮阳调节主要集中在上午至中午阶段，而下午相对较少。进一步将遮阳调节行为分为向上调节和向下调节两类进行分析，向上调节主要目的是采光、视野等目的，而向下调节主要是遮阳、隐私等目的，从图 7-6 和图 7-7 可以看出，上午调节频率较高，分析原因主要是采光等目的，而向下调节在 13:00 频率较高，这是由于西向该时刻开始会受到直射辐射影响，用户降低卷帘遮阳以减少太阳直射辐射或眩光的影响。

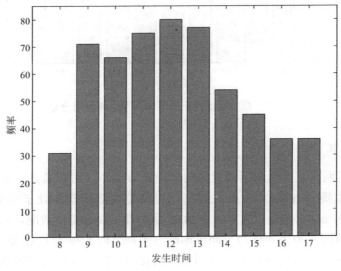

图 7-5　西向活动遮阳调节发生的时间分布

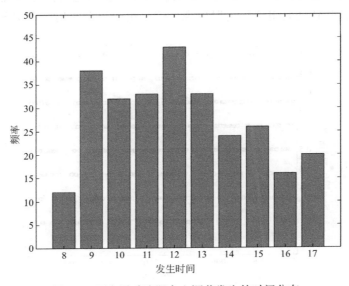

图 7-6　西向活动遮阳向上调节发生的时间分布

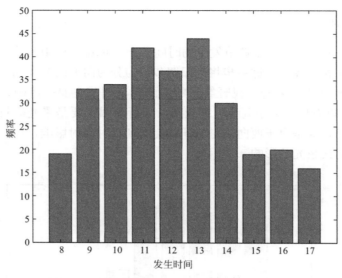

图 7-7　西向活动遮阳向下调节发生的时间分布

7.1.3　遮阳系数

图 7-8 给出了西向工作时间活动遮阳的遮阳系数分布。可以看出，从全年来看，活动遮阳的遮阳系数主要分布在 0.2～0.8 之间，也就是说活动遮阳处于部分遮挡窗户状态，这与实际观测结果吻合。进一步，图 7-9 给出了遮阳系数的变化情况，可见，遮阳系数增加和减少出现的情况差不多，这与上面讨论的遮阳调节向上和向下出现频率是一致的。由于大多数时间遮阳未产生调节，因此遮阳系数变化为 0 的情况出现的比例最大（大于 3000 多工作小时未发生变化，远大于其他调节情况，如图 7-10 所示）。不管是向上还是向下调节，遮阳系数的变化量大都在 0.6 以内，未观测到 0.8 及以上的情况出现，这说明，基本不存在遮阳从全打开到全关闭这种情况出现，这是由于遮阳平时大都处于部分开启状态，

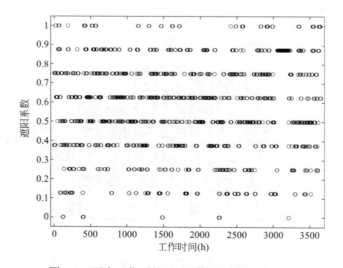

图 7-8　西向工作时间活动遮阳的遮阳系数分布

因此其最大调节量对应的遮阳系数变化一般都小于 0.8。

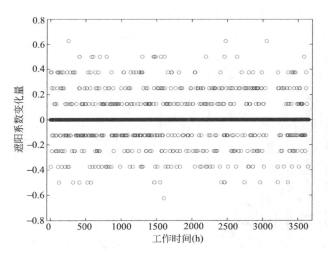

图 7-9　西向工作时间活动遮阳的遮阳系数变化

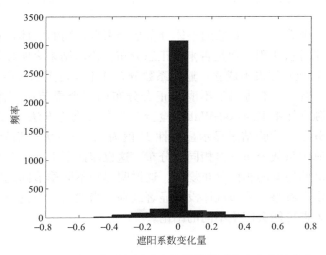

图 7-10　西向工作时间活动遮阳的遮阳系数变化统计分布

　　从遮阳系数增加或减少的时刻分布来看，遮阳系数增加或减少也主要发生在上午时刻，这与上面讨论的遮阳向上或向下调节发生的频率分布是一致的。并且，遮阳系数减少主要发生在 13:00 左右，该时刻太阳直射辐射刚好照射到西向房间，说明用户由于太阳直射辐射影响调低遮阳的意愿在该时刻最明显。

7.1.4　季节差异

　　为分析遮阳调节行为是否存在季节性差异，分别对夏季（共 122 天，图 7-11 中 sum 表示）、冬季（共 90 天，图中 win 表示）及过渡季（共 153 天，下图中 tra 表示）的逐时遮阳系数值进行了统计分析。从图 7-11 和图 7-12 中可以看出，遮阳系数在三个季节的整体分布呈现中间高两边低的分布规律，并且三个季节的整体分布较为相似，但不同季节间存在一定差异，特别是冬季遮阳系数取高值的比例比夏季高，这表明人们在冬季更喜欢将遮阳卷帘拉起以透射更多阳光进行被动采暖。

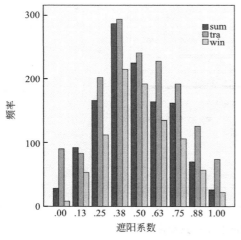

图 7-11　三个季节逐时遮阳系数分布

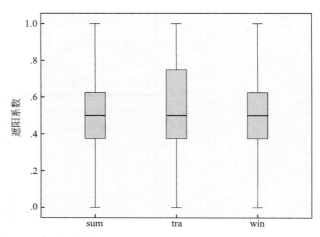

图 7-12　三个季节遮阳系数的箱图分布

　　为进一步分析三个季节遮阳系数的整体分布是否来自相同的整体，首先采用 Kolmogorov–Smirnov 检验来分析遮阳系数是否来自正态分布，检验结果表明显著性 P 值为 0.000（小于临界值 0.05），故 0 假设不成立，遮阳系数分布并不满足正态分布。因此，参数检验方法（如独立样本 t 检验）不适用于不满足正态分布的三个季节遮阳系数分布相似性比较。为此，采用了独立样本 Kruskal-Wallis 检验（非参数检验方法），这种检验方法无需假设样本符合正态分布。检验结果显示显著性 P 值为 0.078（大于临界值 0.05），0 假设成立，三个季节的遮阳系数分布来自相同的分布。这也印证了上面的分析：三个季节遮阳系数分布呈现中间高两边低的相似分布规律。这说明尽管不同季节间遮阳调节行为存在一定差异，但从统计学上看整体分布规律没有显著区别。当然这一结论只是针对本书研究中的样本人群，其他人群可能会产生不同的结论。

7.1.5　自相关性

　　由于遮阳调节行为的随机不确定性，增加了预测遮阳调节行为的预测难度。为掌握遮阳调节行为的特性和存在的潜在规律，有必要进一步对遮阳调节是否存在前后的影响或相关性进行分析。为此，采用了自相关函数（autocorrelation function，ACF）进行分析，以检验人的遮阳调节行为是否存在相关性。从统计学上看，自相关函数是描述一个随机过程（这里是指人的遮阳调节行为）在不同时刻点上的相关性。对于滞后 k 时间步的 ACF 可以采用如下式进行计算：

$$r_k = \frac{c_k}{c_0} \tag{7-1}$$

其中 $c_k = \dfrac{1}{T-1} \sum\limits_{t=1}^{T-k} (y_t - \overline{y})(y_{t+k} - \overline{y})$ 是自协方差函数；c_0 是时间序列的样本方差；y 是样本时间序列（这里是指逐时遮阳系数序列）；T 是时间序列长度。

图 7-13 给出了逐时遮阳系数的自相关函数检验结果（图中考虑了 1-22 个时间滞后，按照每天 10h 工作时长计算，满足两天的时间周期，这个周期足以检验遮阳调节的日周期模式）。从图中可以看出 ACF 值随着滞后时间增长而减少，但是 ACF 值降低到一定值后就不再有显著降低，呈现平稳的变化趋势，并且，该最小值超出了 95％置信区间，这意味着遮阳时间序列没有达到平稳状态，也就是说用户的遮阳调节行为并不完全随机（如白噪声），而是受前面时刻遮阳调节状态的影响，说明遮阳调节行为存在自相关性。

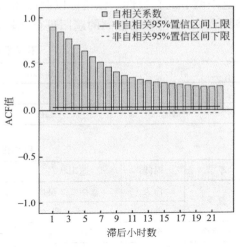

图 7-13　逐时遮阳系数的自相关函数检验结果

7.2　活动遮阳调节有效性

从上节的分析中可以看到，人对遮阳的调节不频繁，其中约有 90％的时间，遮阳状态未发生变化，而在仅有的 10％左右遮阳调节发生时间中，遮阳每天也大都只调节了一次，基本都不超过 3 次。而实际上，室外天气状态在一天内变化较大，相应的对室内采光和热环境的控制也时刻随外界环境在变，这说明人的遮阳调节行为不一定时刻都是最优的。因此，有必要衡量人的遮阳调节行为有效性，从而量化评价活动遮阳的调节性能，也为改进人的调节行为奠定基础。

7.2.1　太阳辐射指标

从评价室内光热环境舒适性来看，可以有很多指标如自然采光 UDI、眩光 DGI、热舒适 PMV 等指标，但这些指标由于计算相对较为复杂，不利于实际使用，而且这些指标大都直接与太阳辐射强度相关，因此，这里以太阳辐射强度作为评价遮阳有效性的指标来进行分析，不仅简便而且便于计算。具体评价指标如下公式：

$$SCE = He/Ht \times 100\%　　　　　(7-2)$$

其中 SCE 为遮阳调节有效性；He 为不同季节遮阳设施可以有效控制太阳直射辐射（夏季：太阳直射辐射无法照射到室内人员，冬季：太阳直射辐射可以照射到室内人员，有利于夏季隔热冬季被动采暖）的小时数；Ht 为没有遮阳设施时太阳直射辐射可以照射到室内的小时数。

表 7-1 给出了冬夏不同季节 SCE 的比例比较，可见，CL 和 Low-E 在夏季遮阳调节有效性为 0，因为没有遮阳设施，而活动遮阳可以达到 58％～76％。但冬季 CL 和 Low-E 则明显高于活动遮阳，说明人的调节行为使得活动遮阳在夏季很好地发挥了遮阳作用，但在冬季也不可避免产生了一定的负面影响，不利于充分利用被动采暖。

7.2.2　能耗指标

上面是从太阳辐射角度来衡量遮阳调节的有效性，这里按能耗指标从另一个角度来评价遮阳调节的有效性。该指标以制冷和采暖能耗为评价内容，将自动控制的遮阳（运行策略见表 7-2）与手动控制的遮阳进行比较，来衡量其调节的有效性。

不同季节 SCE 比例（%）　　　　　　　　　表 7-1

季节	CL 和 Low-E	Shadeint	Shadeext
夏季	0	58.9	76.4
冬季	100	38.5	38.0

自动控制遮阳运行策略　　　　　　　　　表 7-2

季节	时间	遮阳状态	控制目标
夏季	白天	遮挡 2/3 窗户	减少太阳辐射得热并维持室内照度
	晚上	无遮挡	确保自然通风
过渡季	全天	遮挡 1/2 窗户	在太阳辐射和自然采光之间维持平衡
冬季	白天	无遮挡	被动采暖
	晚上	全遮挡	减少热损失

该指标可以用下式进行表示：

$$E_{ff} = \frac{E_A}{E_M} \times 100\%$$　　　　　　　（7-3）

其中 E_{ff} 是手动遮阳调节的有效性指标，E_A 是自动控制遮阳的能耗，E_M 是手动控制遮阳的能耗。由于手动遮阳没有自动遮阳控制这么高效，因此 E_M 通常大于 E_A，当手动遮阳的调节位置与自动遮阳一致或接近时，E_M 与 E_A 相同或相近，这时 E_{ff} 达到或接近 100%，意味手动遮阳处于高效调节状态，E_{ff} 越小则调节有效性越低。

图 7-14 和图 7-15 给出了制冷和采暖季遮阳节调节有效性。可以看出制冷季在天气比较炎热的时间段（图 7-14 中间部分）调节有效性较高，大约在 0.8，而在靠近过渡季，遮阳调节的有效性偏低，其变化范围主要在 0.01~0.7 之间。可见夏季的遮阳调节有效性整体较高，而靠近过渡季则下降非常显著。对于采暖季节，其规律也和夏季差不多，在比较寒冷的天气，遮阳调节效率较高，而靠近过渡季节，则遮阳调节效率较低。分析原因，主要是由于靠近过渡季节，太阳辐射对室内的热环境影响不如炎热和寒冷时大，因此，人的

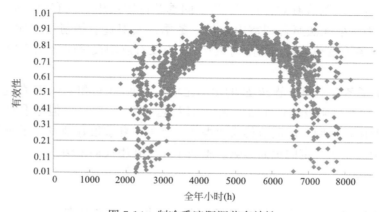

图 7-14　制冷季遮阳调节有效性

遮阳调节行为更容易出现较大的随机性，与自动控制的模式差别偏大。

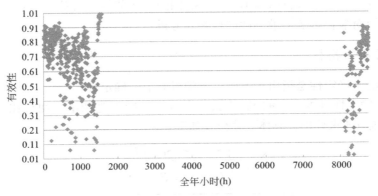

图 7-15　采暖季遮阳调节有效性

7.2.3　控制方式对能耗影响

为进一步分析遮阳调节有效性不足引起的能耗差异，对采用自动控制方式的活动遮阳（按照表 7-2 控制）能耗进行了分析，并于手动随机控制模式下的采暖、制冷和照明能耗进行了对比，如图 7-16 所示。可以看出手动控制模式下，采暖和制冷能耗均高于自动模式，只有采光能耗比自动略微好一点，这是由于自动模式夏季遮挡窗户比例较多。而从总能耗来看，也是自动模式要优于手动模式，手动模式能耗比自动模式高约 20%。

以上研究结果表明当前的手动遮阳随机调节行为虽然比常见的普通玻璃窗和低辐射玻璃窗效果要好，但仍存在不足，例如调节不及时、未能全面控制夏季太阳直射辐射。现有的能耗模拟分析软件中采用按照自动调节的控制方式，得到的节能效果模拟结果可能会高估 20%，因此，需改进当前的模拟假设条件，将人的随机调节因素考虑进去，例如采取本书研究得到的随机调节模型及能耗耦合计算方法，从而客观准确评价活动遮阳的节能特性，为推动建筑节能和绿色建筑技术合理选用奠定基础。

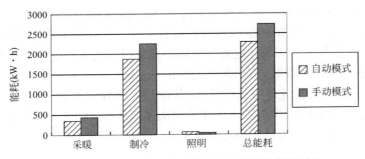

图 7-16　西向活动遮阳手动调节和自动调节能耗对比

7.3　活动遮阳调节不确定性

尽管人的遮阳调节行为受环境因素如太阳辐射等影响而具有一定的预测性，但由于各种环境、人自身及社会等因素均会对遮阳调节行为产生影响，因此，遮阳调节行为仍具有很大的随机不确定性。本节将以本书提出的遮阳随机调节行为为基础，对遮阳调节行为的随机不确定性及对能耗影响的敏感性进行深入分析。

7.3.1 不确定性指标

本书所指的不确定性是指由于人的遮阳随机调节不确定性，导致活动遮阳的遮阳系数 Sc 值预测的不确定性（本书中的 Sc 值数值上等于 1 减去遮挡窗户面积比例），因此，引入不确定性指标 UI 来评价，具体计算公式如下：

$$UI = \frac{\sum_k \dfrac{\sqrt{(Sc_{i,k} - Sc_{j,k})^2}}{\dfrac{1}{2}(Sc_{i,k} + Sc_{j,k})}}{k} \times 100\% \tag{7-4}$$

式中，i，$j=1$，2，…，是模拟的次数；k 是全年小时数，取值从 $1 \sim 8760$h。分子代表两次不同模拟在同一时刻的遮阳系数差值，而分母是这两个遮阳系数的平均值。由于通常模拟都是取全年 8760h，因此，计算得到的是全年的 UI，如需要计算某个季节或某天的 UI，则 k 取值可以根据所需的时间范围进行调整。因此，该公式还可以计算全年任意时间段的 UI 指标。UI 指标越大（根据上式，UI 始终大于 0），代表两次模拟产生的遮阳调节状态差别越大，也就越能反映遮阳随机调节模型预测产生的不确定性越大，由此引起的能耗差异也就越大。根据 UI 指标，还可以计算全年中有多少百分比时间，任意两次遮阳预测序列是存在差异的，并通过 $PUI > 0$ 指标来表示。

此外，本书还引入另一个指标 Spearman 相关系数来评价任意两次遮阳调节序列的相关性，通过计算任意两列遮阳序列（每列为 1—8760h）的 Spearman 相关系数，来评价遮阳调节的不确定度。Spearman 相关系数取值在 $-1 \sim 1$ 之间，负数代表负相关，正数代表正相关；数值越接近 1 则代表相关性越强，越接近 0 代表相关性越弱。通过以上两个指标可以较为全面地评价遮阳调节的不确定性。

通过随机挑选两次模拟的遮阳序列比较，得到了进行 UI 指标分析的结果（如图 7-17、图 7-18 所示）。可以看出，任意两次模拟的逐时 Sc 值差别很大，且 Sc 值偏差达到 -0.8 至 0.8 之间。通过对 4.4 章节中的 25 次模拟进行计算，得到全年平均 UI 指标为 23.9%，而 $PUI > 0$ 指标则达到了 85.7%，这意味着遮阳调节行为的不确定性非常大。此外图 7-19 给出了 25 次模拟活动遮阳逐时 Sc 值相互之间的 Spearman 相关系数，除了主对角线上相关系数为 1（因为是与自身进行相关计算），其他相关系数均处于 $-0.2 \sim 0.2$ 之间，这代表非常弱的相关性，说明 25 次模拟中的任意两次模拟都和上面的 UI 指标和 $PUI > 0$ 指标计算结果相似：遮阳调节行为的不确定性非常大。

7.3.2 能耗影响的敏感性

上述计算结果表明遮阳调节存在巨大不确定性，因此，有必要分析遮阳调节不确定性对能耗影响的敏感性。为此首先对 25 次模型产生的制冷、采暖和总能耗数据的分布特性进行分析。采用分布检验的方法，根据统计学中的 Q-Q 图，进行数据是否符合正态分布的检验。图 7-20 给出了 25 次模拟的制冷、采暖和总能耗 Q-Q 图检验。在 Q-Q 图中，样

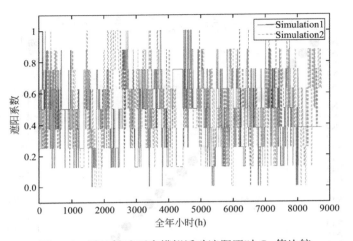

图 7-17　随机挑选两次模拟活动遮阳逐时 Sc 值比较

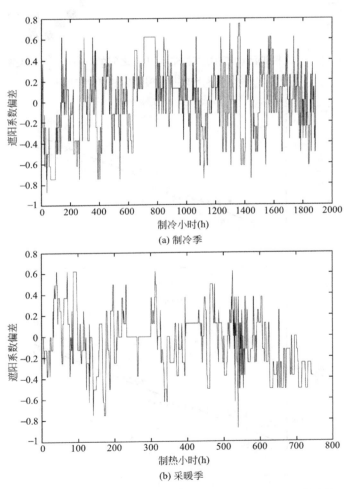

(a) 制冷季

(b) 采暖季

图 7-18　随机挑选两次模拟活动遮阳不同季节逐时 Sc 值比较

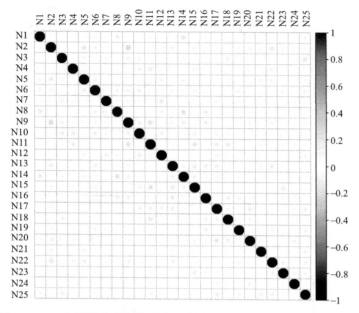

图 7-19　25 次模拟活动遮阳逐时 Sc 值相互之间的 Spearman 相关系数
（N1……N25 代表 simulation1……simulation25）

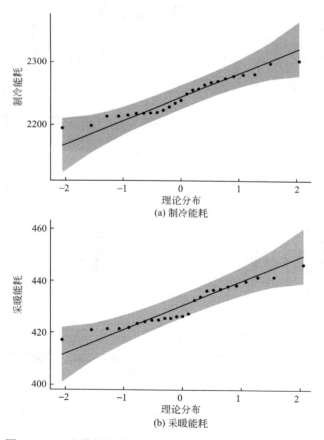

(a) 制冷能耗

(b) 采暖能耗

图 7-20　25 次模拟的制冷、采暖和总能耗 Q-Q 图检验（一）

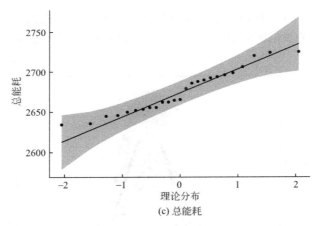

(c) 总能耗

图 7-20　25 次模拟的制冷、采暖和总能耗 Q-Q 图检验（二）

本数据点很好地落在直线的两侧，并处于灰色区域内（95％置信区间），因此，可以判断制冷、采暖和总能耗数据都符合正态分布。

除了 Q-Q 图检验，还采用了更为严格的 Shapiro-Wilk 正态统计检验方法。通过检验，得到显著性指标 P 值（见表 7-3），可以看出制冷、采暖和总能耗数值都大于临界值 0.05，这表明 0 假设不能拒绝，数据符合正态分布。因此，采用正态拟合法得到了能耗数据的正态拟合分布公式，格式如下：

$$f(E) = f(x \mid \mu,\ \sigma) = \frac{1}{\sigma\sqrt{2\pi}} \exp\left(-\frac{(x-\mu)^2}{2\sigma^2}\right) \tag{7-5}$$

式中，μ 是均值；σ 是标准差。拟合得到的具体参数见表 7-4。

能耗数据的 Shapiro-Wilk 检验　　　　　　　　　　　　　表 7-3

	制冷能耗	采暖能耗	总能耗
P 值	0.2002	0.07764	0.1626

能耗正态拟合结果　　　　　　　　　　　　　表 7-4

	制冷能耗(Wh)	采暖能耗(Wh)	总能耗(Wh)
μ	2245200	430170	2675400
μ 置信区间	[2232137,2258221]	[426861,433489]	[2664116,2686592]
σ	31596	8029	27225
σ 置信区间	[24671,43954]	[6269,11170]	[21258,37874]

通过得到正态拟合分布函数，可以采用 Monte Carlo 随机抽样方法得到任意样本数量的能耗数据，这样便可以方便地对遮阳不确定性引起的能耗敏感性进行分析。由于正态拟合得到的点估计只反映了均值，不能很好反映实际数据存在的不确定性。为此，抽样时考虑了正态拟合均值和标准差的置信区间范围内的任意数值。根据国外学者 McDonald 的研究，采用 Monte Carlo 抽样时，100 次抽样得到的结果已经足够满足建筑能耗分析应用，本书中为增加结果分析的可靠性，抽样次数达到 1000 次（如图 7-21 所示），图中中间部分的粗线代表根据点估计得到的正态分布曲线，而其他线条代表考虑了拟合参数分布置信

区间的抽样正态分布。可以看到，考虑置信区间后的抽样分布曲线具有更宽的取值范围。因此，考虑拟合参数的置信区间后可以更好反映实际能耗的不确定性。

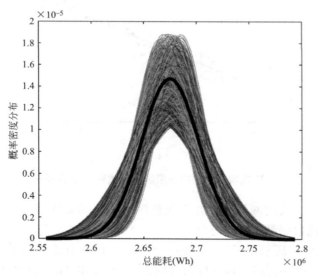

图 7-21　1000 次抽样的总能耗正态分布图

　　能耗的敏感性可从两个维度进行分析，即空间维度和时间维度。为此，研究时考虑能耗在空间维度（不同建筑规模，本书中研究了 1 个房间，30 个房间，50 个房间以及 100 个房间的规模）的敏感性和时间维度（本书中考虑小时，日，月和年）的敏感性，这样可以全面揭示遮阳调节对能耗影响的特性。

　　为分析敏感性，采用了各类研究中常用的敏感性系数指标来评价输入变量的不确定性对输出结果的变化。该指标（本书中用 S 表示）是一个无量纲指标，以百分比来表示，指标绝对值越大，则敏感性越强，其具体计算公式如下：

$$S = \frac{\dfrac{OP_M - OP_m}{OP_M}}{\dfrac{IP_M - IP_m}{IP_M}} \times 100\% \tag{7-6}$$

　　其中 OP_M 和 OP_m 分别代表输出结果（能耗抽样结果）的最大和最小值。IP_M 和 IP_m 分别代表输入参数的最大和最小值。由于研究中考虑了同一个遮阳随机调节模型，因此输入参数（分母）可以看作为不变的常数。故上式可以化简为：

$$S = \frac{OP_M - OP_m}{OP_M} \times 100\% \tag{7-7}$$

　　在时间维度上（以单个房间为例，其他空间维度可以采取类似方法分析），图 7-22、图 7-23 给出了两次随机抽样逐时制冷和采暖能耗差异，显然逐时能耗差异是非常大的。通过对 25 次模拟的比较，得到敏感性指标 S 在小时维度上可以高达 50.1%，而在日、月和年维度上分别降到了 19.1%、6.2% 和 1.5%。因此，可以看出在较小的时间维度上，遮阳随机调节行为的不确定性对能耗影响的敏感性非常大，而在较大的时间维度上则下降显著。按照目前的节能计算或预测精度来看，只有年制冷能耗的预测可以近似不考虑行为的随机性对年能耗的影响，而从小时、日和月角度来看，行为的不确定性对能耗的预测影响必须考虑，否则会带来较大的误差。对于采暖，从小时、日、月到年的 S 指标分别为 25.4%、13.2%、5.9% 和 1.1%，比制冷结果略低，但同样可以看出，只有年采暖能耗预测可以近似不考虑行为的随机性对年能耗的影响。综上所述，只有在大的时间维度上（年），行为的不确定性对能耗的敏感性才基本可以忽略，否则其他较小的时间维度，遮阳行为的不确定性是有必要进行考虑的。

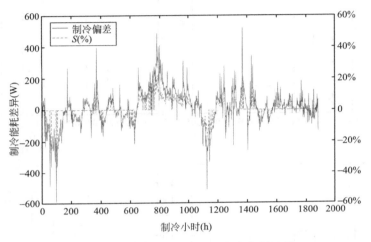

图 7-22　两次随机抽样逐时制冷能耗差异

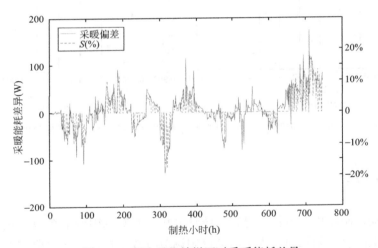

图 7-23　两次随机抽样逐时采暖能耗差异

在空间维度上（以年总能耗为例，其他时间维度可以采取类似方法分析），图 7-24 给出了不同空间维度上 1000 次随机抽样年总能耗与均值能耗比值的分布。由于此处只比较了年总能耗，因此可以看出总能耗差异不是很大，其中 1 个房间能耗差异最大，S 指标达到 7%，30 个房间 S 指标为 1.6%，而 50 和 100 个结果相近，S 指标只有 1.4%。可见，在空间维度上年总能耗变化不大，只有单个房间时才有一定的不确定性，在 30 个以上更大维度上基本可以忽略。当然，这里只比较了年总能耗，逐时、日或月的空间维度上变化关系可能得到不同的结论，读者可以采用类似方法得出，这里不作详细分析。

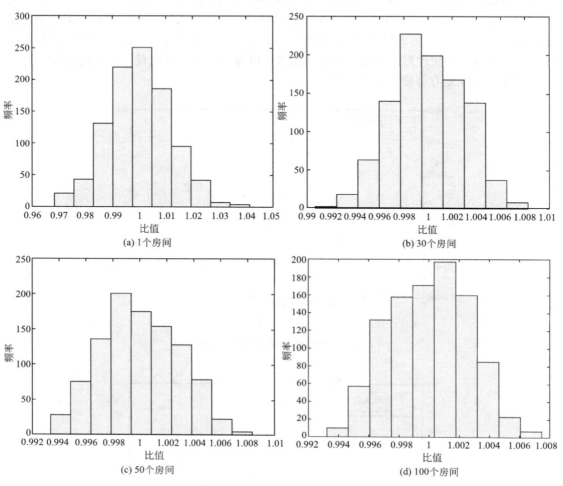

图 7-24　不同空间维度上 1000 次随机抽样年总能耗与均值能耗比值的分布

7.4　本章小结

本章对活动遮阳随机调节特性进行了统计分析，并对遮阳调节系数变化规律进行了研究，在此基础上结合太阳辐射引入了活动遮阳调节有效性指标。通过研究发现，活动遮阳调节都不频繁，大约有 90％的工作时间遮阳未发生调节，只有 10％左右的时间遮阳发生了调节；而且大约有 50％的天数遮阳调节只发生了一次，只有约 10％的天数遮阳日调节发生了 2～3 次。从全年来看，活动遮阳的遮阳系数主要分布在 0.2～0.8 之间，也就是说活动遮阳处于部分遮挡窗户状态，这与实际观测结果吻合。不管是向上还是向下调节，遮阳系数的变化量大都在 0.6 以内，未观测到 0.8 及以上的情况出现，这说明，基本不存在遮阳从全打开到全关闭这种情况出现。此外，手动遮阳随机调节行为虽然比常见的普通玻璃窗和低辐射玻璃窗效果要好，但仍存在不足，例如调节不及时、未能全面控制夏季太阳直射辐射。现有的能耗模拟分析软件中采用按照自动调节的控制方式，得到的节能效果模拟结果可能会高估 20%，因此，需将人的随机调节因素考虑进取。通过对活动遮阳调节的不确定性及能耗影响的敏感性分析，可以看出，遮阳调节的随机不确定性对能耗预测带来了较大的波动，因此，不宜采用单一值来给出确定的能耗预测结果，而是应该考虑能耗可能的取值范围或置信区间。通过采取本书研究得到的随机调节模型及能耗耦合计算方法，可以客观准确评价活动遮阳的节能特性，为推动建筑节能和绿色建筑技术合理选用奠定基础。

参考文献

[1] 江忆. 我国的建筑能耗现状与趋势 [EB/OL]. http：//www. chinagb. net/zt/jishu/heating/cnxz/20101014/70849. shtml，2013-4-2.

[2] Yao J，Xu J. Effects of different shading devices on building energy saving in hot summer and cold winter zone [C] //2010 *International Conference on Mechanic Automation and Control Engineering*. Wuhan，China，2010：5017-5020.

[3] 中国建筑标准设计研究院. 06J506-1 建筑外遮阳（一）[S]. 北京：中国计划出版社，2007.

[4] 中国建筑科学研究院. GB 50189-2015 公共建筑节能设计标准 [S]. 北京：中国建筑工业出版社，2005.

[5] 阳江英，杨丽莉，吕忠，等. 重庆地区外窗遮阳能效模拟分析 [J]. 建筑节能，2008，36（9）：66-69.

[6] 姚健，闫成文，叶晶晶，等. 外窗遮阳系数对建筑能耗的影响 [J]. 建筑节能，2008，36（2）：65-67.

[7] 刘旭良，于秉坤. 浅议成都地区外窗遮阳系数对建筑能耗的影响 [J]. 建筑节能，2010，38（3）：74-76.

[8] 卜增文，毛洪伟，杨红. Low-e玻璃对空调负荷及建筑能耗的影响 [J]. 暖通空调，2005，35（8）：119-121.

[9] Lam J C，Li D H W. An analysis of daylighting and solar heat for cooling-dominated office buildings [J]. *Solar Energy*，1999，65（4）：251-262.

[10] 唐鸣放，王丹妮. 重庆地区窗户外遮阳能效分析 [J]. 建筑科学，2007，23（6）：21-23.

[11] 李娟，张强. 重庆地区居住建筑遮阳构筑物对建筑能耗的影响 [J]. 建筑节能，2007，35（10）：21-23.

[12] 周兵，胡睿. 遮阳板在建筑节能中的应用 [J]. 能源研究与利用，2008，1：230-232.

[13] 郑清容，丁云飞，吴腾飞. 广州地区建筑水平外遮阳节能潜力分析 [J]. 广州大学学报（自然科学版），2008，17（6）：69-72.

[14] 吴基，孟庆林，张磊，等. 广州某典型办公楼垂直百叶遮阳的综合节能分析 [J]. 建筑科学，2009，25（2）：76-79.

[15] 肖桂清. 遮阳——建筑节能的一种有效途径 [J]. 四川建筑科学研究，2008，5：32-33.

[16] 刘甜甜，孙诗兵，田英良. 北京地区某办公楼模型外遮阳节能分析 [J]. 建筑科学，2010，26（2）：84-87.

[17] 陶求华，庄杰. 外窗遮阳对闽北办公建筑综合能耗的影响 [J]. 制冷，2011，1：70-74.

[18] 杨丹萍，何嘉鹏，陈震，等. 南京地区东向和西向外遮阳方式研究 [J]. 四川建筑科学研究，2010，6：260-264.

[19] 胡深，冉茂宇，袁炯炯，等. 关于居住建筑遮阳优化设计的探讨 [J]. 建筑科学，2010，12：88-91.

[20] 张华民，许秀梅，张甫仁. 基于建筑负荷窗墙比与遮阳优化设计研究 [J]. 河北工程大学学报（自然科学版），2012，2：41-44.

［21］ 曹国庆，涂光备，杨斌．水平遮阳方式在住宅建筑南窗遮阳应用上的探讨［J］．太阳能学报，2006，27（1）：96-100.

［22］ 简毅文，王苏颖，江亿．水平和垂直遮阳方式对北京地区西窗和南窗遮阳效果的分析［J］．西安建筑科技大学学报（自然科学版），2001，33（3）：212-217.

［23］ 李峥嵘，夏麟．基于能耗控制的建筑外百叶遮阳优化研究［J］．暖通空调，2007，37（11）：230-232.

［24］ 田慧峰，孙大明，李凯莉．夏热冬冷地区建筑活动外遮阳经济性分析［J］．墙材革新与建筑节能，2008，4：48-50＋4.

［25］ 田慧峰，孙大明，周海珠．建筑节能65%中活动外遮阳的贡献率［J］．墙材革新与建筑节能，2009，10：48-50.

［26］ 郭圣志，胡志远，丁小猷，等．百叶中空玻璃活动遮阳技术经济对比分析［J］．住宅产业，2010，9：75-76.

［27］ Raeissi S，Taheri M. Optimum overhang dimensions for energy saving［J］. *Building and Environment*，1998，33（5）：293-302.

［28］ Ebrahimpour A，Maerefat M. Application of advanced glazing and overhangs in residential buildings［J］. *Energy Conversion and Management*，2011，52（1）：212-219.

［29］ Barozzi G S，Grossa R. Shading effect of eggcrate devices on vertical windows of arbitrary orientation［J］. *Solar Energy*，1987，39（4）：329-341.

［30］ Ok V. A procedure for calculating cooling load due to solar radiation: the shading effects from adjacent or nearby buildings［J］. *Energy and Buildings*，1992，19（1）：11-20.

［31］ Palmero-Marrero A I，Oliveira A C. Effect of louver shading devices on building energy requirements［J］. *Applied Energy*，2009，87（6）：2040-2049.

［32］ Littlefair P，Ortiz J，Bhaumik C D. A simulation of solar shading control on UK office energy use［J］. *Building Research & Information*，2010，38（6）：638-646.

［33］ Poirazis H，Blomsterberg K，Wall M. Energy simulations for glazed office buildings in Sweden［J］. *Energy and Buildings*，2008，40（7）：1161-1170.

［34］ Chan A L S，Chow T T，Fong K F，et al. Investigation on energy performance of double skin facade in Hong Kong［J］. *Energy and Buildings*，2009，41（11）：1135-1142.

［35］ Hammad F，Abu-Hijleh B. The energy savings potential of using dynamic external louvers in an office building［J］. *Energy and Buildings*，2010，42（10）：1888-1895.

［36］ Li D H W，Lam J C. An investigation of daylighting performance and energy saving in a daylit corridor［J］. *Energy and Buildings*，2003，35（4）：365-373.

［37］ Appelfeld D，McNeil A，Svendsen S. An hourly based performance comparison of an integrated micro-structural perforated shading screen with standard shading systems［J］. *Energy and Buildings*，2012，50：166-176.

［38］ Li D H W，Wong S L. Daylighting and energy implications due to shading effects from nearby buildings［J］. *Applied Energy*，2007，84（12）：1199-1209.

［39］ Akbari H，Kurn D M，Bretz S E，et al. Peak power and cooling energy savings of shade trees［J］. *Energy and Buildings*，1997，25（2）：139-148.

［40］ Donovan G H，Butry D T. The value of shade: Estimating the effect of urban trees on summer-time electricity use［J］. *Energy and Buildings*，2009，41（6）：662-668.

［41］ Shashua-Bar L，Tsiros I X，Homan M E. A modeling study for evaluating passive cooling scenarios in urban streets with trees. Case study: Athens, Greece［J］. *Building and Environment*，2010，45

(12)：2798-2807.

[42] Sattler M A，Sharples S，Page J K. The geometry of the shading of buildings by various tree shapes [J]. *Solar Energy*，1987，38（3）：187-201.

[43] 张海遐，陈浩，金瑞娟，等. 南京地区活动式建筑外遮阳设施对室内热环境影响 [J]. 江苏建筑，2010，5：56-58.

[44] 吕智艳，孟庆林，赵立华，等. 广州国际会议展览中心外遮阳作用下的热环境测试 [J]. 广东土木与建筑，2007，8：33-35.

[45] 窦枚，唐鸣放. 夏热冬冷地区外窗遮阳对室内温度的影响 [J]. 建筑科学，2011，10：79-82.

[46] 曹毅然，张小松，金星，等. 透过遮阳系统的室内太阳辐射得热量实验研究 [J]. 东南大学学报（自然科学版），2009，6：1169-1173.

[47] Kabre C. Winshade：a computer design tool for solar control [J]. *Building and Environment*，1998，34（3）：263-274.

[48] Tzempelikos A，Bessoudo M，Athienitis A K，et al. Indoor thermal environmental conditions near glazed facades with shading devices-Part II：Thermal comfort simulation and impact of glazing and shading properties [J]. *Building and Environment*，2010，45（11）：2517-2525.

[49] Bilgen E. Experimental study of thermal performance of automated venetian blind window systems [J]. *Solar Energy*，1994，52（1）：3-7.

[50] Kuhn T E，Brhler C，Platzer W J. Evaluation of overheating protection with sun-shading systems [J]. *Solar Energy*，2001，69（6）：59-74.

[51] Kim J H，Park Y J，Yeo M S，et al. An experimental study on the environmental performance of the automated blind in summer [J]. *Building and Environment*，2009，44（7）：1517-1527.

[52] 周荃，杨仕超. 广州地区建筑水平外遮阳对室内采光影响研究 [J]. 广东土木与建筑，2011，6：15-18.

[53] 张宬，王冬梅，杨墨池. 夏热冬冷地区外遮阳对建筑能耗及采光效果的影响分析 [J]. 建筑科学，2011，4：75-79＋83.

[54] 田智华，续晨，王陈栋. 深圳地区某公共建筑活动外遮阳自然采光效果分析 [J]. 建筑节能，2011，1：41-43.

[55] 王晓，彭逊志，夏为威. 武汉地区公共建筑采光节能的研究分析 [J]. 建筑节能，2010，8：51-54.

[56] 张源，吴志敏. 既有建筑绿色改造中天然采光优化应用模拟分析 [J]. 照明工程学报，2010，4：26-31.

[57] 张海遐，季柳金，魏燕丽，等. 活动式建筑外遮阳设施对室内光环境的影响 [J]. 江苏建筑，2010，4：102-105.

[58] 余理论. 建筑外遮阳对室内光环境的影响研究 [D]. 重庆：重庆大学，2010.

[59] Lee E S，DiBartolomeo D L，Selkowitz S E. Thermal and daylighting performance of an automated venetian blind and lighting system in a full-scale privateoffice [J]. *Energy and Buildings*，1998，29（1）：47-63.

[60] Gates S，Wilcox J. Daylighting analysis for classrooms using DOE-2.1B [J]. *Energy and Buildings*，1984，6（4）：331-341.

[61] Martine V. User acceptance studies to evaluate discomfort glare in daylit rooms [J]. *Solar Energy*，2002，73（2）：95-103.

[62] Chaiwiwatworakul P，Chirarattananon S，Rakkwamsuk P. Application of automated blind for daylighting in tropical region [J]. *Energy Conversion and Management*，2009，50（12）：2927-2943.

[63] Piccolo A，Simone F. Effect of switchable glazing on discomfort glare from windows [J]. *Building*